一叶一世界——从茶档案中探寻中国茶文化的起源与发展

金银芳 ◎ 著

吉林出版集团股份有限公司

图书在版编目（CIP）数据

一叶一世界 ：从茶档案中探寻中国茶文化的起源与
发展 / 金银芳著. — 长春 ：吉林出版集团股份有限公
司，2023.8

ISBN 978-7-5731-4014-2

Ⅰ．①一… Ⅱ．①金… Ⅲ．①茶文化－中国 Ⅳ.
①TS971.21

中国国家版本馆 CIP 数据核字（2023）第 150526 号

一叶一世界——从茶档案中探寻中国茶文化的起源与发展

YI YE YI SHIJIE, CONG CHA DANG'AN ZHONG TANXUN ZHONGGUO CHA WENHUA DE QIYUAN YU FAZHAN

著　　者　金银芳

出版策划　崔文辉

责任编辑　侯　帅

封面设计　文　一

出　　版　吉林出版集团股份有限公司

　　　　　（长春市福祉大路 5788 号，邮政编码：130118）

发　　行　吉林出版集团译文图书经营有限公司

　　　　　（http：//shop34896900.taobao.com）

电　　话　总编办：0431-81629909　营销部：0431-81629880/81629900

印　　刷　廊坊市广阳区九洲印刷厂

开　　本　710mm×1000mm　　1/16

字　　数　262 千字

印　　张　12.25

版　　次　2023 年 8 月第 1 版

印　　次　2024 年 1 月第 1 次印刷

书　　号　ISBN 978-7-5731-4014-2

定　　价　78.00 元

如发现印装质量问题，影响阅读，请与印刷厂联系调换。电话：0316-2803040

前　言

中国茶文化的历史如同一条浩瀚深邃的长河，追溯着这条历史长河的流脉，我们可以勾勒其发展踪迹。中国茶从被发现到运用到人们的生活中，经历了药用—食用—饮用这样一个逐渐演变的漫长过程，从最初治病救急到作为可以解渴的饮料，再到后来逐渐发展成为一种文化、一种艺术。作为中国传统文化的一个重要组成部分，茶文化正在被越来越多的人所喜爱和接受，而茶艺这一独特的茶文化表现形式，更是日益受到人们的普遍关注和欢迎。茶艺是一门集音乐、舞蹈、饮食、服饰、戏曲、建筑、书法、绘画及人文精神于一体的，适宜于舞台或室内表演的茶叶冲泡和品饮艺术，有着深厚的历史文化价值和广阔的发展前景，值得我们认真总结和研究。一般认为，茶文化是一种综合文化，而茶艺是茶文化重要的表现形式之一。茶艺的美集中体现在其特有的美学特征上，可以说茶艺的美是一种综合的美，体现了中华民族特有的审美意识和审美追求。

从秦汉、魏晋、隋唐至宋、元、明清，两千余年历史，中华56个民族都与茶结下了不解之缘，茶文化和茶德得到了不断的丰富和发展。

20世纪80年代以后，在中国当代茶人中，关于茶德精神的理念，中国当代茶学专家、浙江农业大学茶学教育家庄晚芳提出的中国茶德"廉、美、和、敬"最为清晰完整。这是在新的时代条件下，通过茶文化的发展与普及，以及饮茶的艺术实践，引导人们完善品德修养，实现人类共同追求的和谐、健康、纯洁与安乐的崇高境界。

重拾茶德之念，可以说早已渗入中国人的血脉。中国是茶的故乡，全球有三分之二的人在喝茶，这三分之二的人是和谐哲学的实践者，是中国茶德可以在世界广泛传播的基石。

本书主要研究茶档案中中国茶文化的起源与发展方面的问题，涉及丰富的茶文化知识。主要内容包括茶文化、茶叶种植加工技术、中国茶道与传统文化、茶文艺、茶艺叙事、茶的审美与艺韵、茶文化遗产保护与发展等。本书在内容选取上既兼顾到知识的系统性，又考虑到可接受性，同时强调茶文化的重要性。

由于笔者水平有限，本书难免存在不妥甚至谬误之处，敬请广大学界同人与读者批评指正。

目 录

第一章　茶文化

　　古代中国是世界公认的文明古国，中华文明源远流长、绚烂辉煌，而这其中的文化之功是显而易见的，正是优秀的、博大精深的中华文化才得以使中华民族耀眼于世界民族之林。中华文化的表现是多方面的，其中，璀璨的茶文化也同样值得我们去学习、了解。但到底什么是茶文化呢？有哪些茶文化活动展示？该如何保护、发掘茶文化？有关茶的名人轶事你又知道多少？本章内容将引领你步入茶文化绿色而温情的世界里，去感受一下茶文化和谐而淳朴的意境。

第一节　茶文化概述

　　茶叶是劳动生产物，是一种饮料。茶文化意为在饮茶活动过程中所形成的文化特征，是中华民族优秀传统文化的重要组成部分，其内容十分丰富，涉及科技教育、文化艺术、医学保健、历史考古、经济贸易、餐饮旅游和新闻出版等学科与行业，包含茶叶专著、茶叶期刊、茶与诗词、茶与歌舞、茶与小说、茶与美术、茶与婚礼、茶与祭祀、茶与禅教、茶与楹联、茶与谚语、茶事掌故、茶与故事、饮茶习俗、茶艺表演、陶瓷茶具、茶馆茶楼、冲泡技艺、茶食茶疗、茶事博览和茶事旅游等方面。

　　茶文化以茶为载体并通过这个载体传播各种艺术，是茶与文化的有机融合，这包含和体现着一定时期的物质文明和精神文明。茶文化的核心是茶艺，是茶艺与精神的结合，并通过茶艺表现精神。

从广义上讲，茶文化分为茶的自然科学和茶的人文科学两方面，是指人类社会历史实践过程中所创造的与茶有关的物质财富和精神财富的总和。从狭义上讲，茶文化着重于茶的人文科学，主要指茶对精神和社会的功能。由于茶的自然科学已形成独立的体系，因而，常讲的茶文化偏重于人文科学。

第二节 茶文化遗产分类

文化遗产根据分类标准的不同而有各自的类别，茶文化遗产亦然，通常可以把茶文化遗产分为自然遗产、物质遗产和非物质文化遗产三类。

具体而言，茶文化遗产在自然遗产方面有景观类茶文化遗产，如复合型生态茶园和茶文化博览园等；有遗址类茶文化遗产，如茶马古道、古茶市和古茶园等。

物质遗产方面有茶籽化石、古茶楼、古茶树、古茶亭、古茶馆、茶碑刻、古茶具、遗存的茶生产器具和茶博物馆等。

非物质文化遗产方面有民俗文化类茶文化遗产，如茶俗茶礼、茶艺茶道；有特产类茶文化遗产，如历史上的十大名茶；有技术类茶文化遗产，如历史名茶传统茶叶制作技艺；有文献类茶文化遗产，如茶书类、方志类和茶文学艺术等。

第三节 中国茶文化

中国为茶文化的起源地，中国是茶的故乡，是世界上最早发现茶树、利用茶叶和栽培茶树的国家，中国也是世界茶道的起源地。茶树的起源至少已有六七万年的历史。茶被汉族发现和利用，据说始于神农时代，少说也有4700多年了。

一、中国茶的物质文化

茶的利用最初是孕育于野生采集活动之中的。传说记载，"神农乃玲珑玉体，能见其肺肝五脏"，理由是："若非玲珑玉体，尝药一日遇十二毒，何以解之？"又认为："神农尝百草，日遇十二毒，得茶而解之。"两说虽均不能尽信，但一缕微弱的信息却值得注意："茶"在长久的食用过程中，人们越来越注重它的某些疗病的"药"用之性。

依照《诗经》等有关文献记录，在史前期，"茶"是泛指诸类苦味野生植物性食物原料的，发现茶的其他价值后才有了独立的名字——"茶"。在食医合一的历史时代，茶类植物油的止渴、清神、消食、除瘴和利便等药用功能是不难为人们所发现的。然而，由一般性的药用发展为专用饮料，还必须有某种特别的因素，即人们实际生活中的某种特定需要。巴蜀地区，向来为疾疫多发的烟瘴之地。"番民以茶为生，缺之必病。"（清·周蔼联《竺国游记》卷2）故巴蜀人日常饮食偏辛辣，积习数千年，至今依然。正是这种地域自然条件和由此决定的人们的饮食习俗，使得巴蜀人首先"煎茶"服用以除瘴气，解热毒。久服成习，药用之旨逐渐隐没，茶于是成了一种日常饮料。秦人入巴蜀时，见到的可能就是这种作为日常饮料的饮茶习俗。

茶由药用转化为饮料，严格意义的"茶"便随之产生了，其典型标志便是"茶"（chá）音的出现。郭璞注《尔雅·释木》"槚"云："树小如栀子，冬生叶，可煮作羹饮。今呼早采者为茶，晚取者为茗，一名荈，蜀人名之苦茶。"可见，汉时"茶"字已有特指饮料"茶"的读音了，"茶"由"荼"分离出来，并走上了"独立"发展的道路。直到中唐以后，伴随着茶事的发展和商业活动的日益频繁，真正意义上的"茶"字才诞生，这也正符合新符号的产生落后于社会生活的发展这一文字变化的规律。

二、中国茶的精神文化

中华茶文化源远流长，博大精深，不但包含物质文化层面，还包含深厚的精神文明层面。唐代茶圣陆羽的《茶经》在历史上吹响了中华茶文化的号角，从此茶的精神渗透到了宫廷和社会，深入中国的诗词、绘画、书法、宗教和医学。这就是中国特有的茶文化，属于文化学范畴。

中国人饮茶，注重一个"品"字。品茶不但能鉴别茶的优劣，也带有冥思遐想和领略饮茶情趣之意。在百忙之中泡上一壶浓茶，择雅静之处，自斟自饮，可以消除疲劳、涤烦益思、振奋精神，也可以细啜慢饮，达到美的享受，使精神世界升华到高尚的艺术境界。

中国是文明古国、礼仪之邦，很重礼节。凡来了客人，沏茶、敬茶的礼仪是必不可少的。当有客来访时，可征求意见，选用最合来客口味的茶，并用最佳茶具待客。以茶敬客时，对茶叶适当拼配也是很有必要的。主人在陪伴客人饮茶时，要注意客人杯、壶中的茶水残留量，一般用茶杯泡茶，如已喝去一半，就要添加开水，随喝随添，使茶水浓度基本保持前后一致，水温适宜。在饮茶时也可适当佐以茶食、糖果和菜肴等，达到调节口味之功效。

中国从何时开始饮茶，众说不一，西汉时已有饮茶之事的正式文献记载，饮茶的起始时间当比这更早一些。茶以文化的面貌出现，则是在汉魏两晋南北朝时期。

（一）三国以前的茶文化

很多书籍把茶的发现时间定为公元前 2737—2697 年，其历史可推到三皇五帝。东汉华佗《食经》中"苦茶久食，益意思"，记录了茶的医学价值。西汉已将茶的产地县命名为"茶陵"，即湖南的茶陵。

（二）晋代茶文化

随着文人饮茶风尚之兴起，有关茶的诗词歌赋日渐问世，茶已经脱离作为一般形态的饮食走入文化圈，起着一定的文化作用。两晋南北朝时期，门阀制度业已形成，不仅帝王、贵族聚敛成风，一般官吏乃至士人皆以夸豪斗富为荣，多效膏粱厚味。在此情况下，一些有识之士提出"养廉"的问题。于是，出现了陆纳、桓温以茶代酒之举。南齐世祖武皇帝是个比较开明的帝王，他不喜游宴，死前下遗诏，说他死后丧礼要尽量节俭，不要以三牲为祭品，只放些干饭、果饼和茶饭便可以，并要"天下贵贱，咸同此制"。在陆纳、桓温、齐武帝那里，饮茶不仅是为了提神解渴，它开始产生社会功能，成为以茶待客、用以祭祀并表示一种精神和情操的手段。饮茶已不完全是以其自然实用价值为人所用，而是进入了精神领域。

魏晋南北朝时期，天下骚乱，各种文化思想交融碰撞，玄学相当流行。玄学家喜演讲，普通清谈者也喜高谈阔论。酒能使人兴奋，但喝多了便会举止失措、胡言乱语，有失雅观。而茶则可竟日长饮而始终清醒，令人思路清晰，心态平和。况且，对一般文人来讲，整天与酒肉打交道，经济条件也不允许。于是，许多玄学家、清谈家从好酒转向好茶。在他们那里，饮茶已经被当作精神现象来对待。

（三）隋唐茶文化

隋朝是初步形成中国茶文化的时期。茶在先前都是药用，在隋朝全民普遍饮茶，也多是认为对身体有益。公元780年，陆羽据此著《茶经》，使隋唐茶文化拥有了专有标志。其概括了茶的自然和人文科学双重内容，探讨了饮茶艺术，把儒、道、佛三教融入饮茶中，首创中国茶道精神。之后又出现大量茶书、茶诗，有《茶述》《煎茶水记》《采茶记》《十六汤品》等。唐代茶文化的形成与禅教的兴起有关，因茶有提神益思、生津止渴的功能，故寺庙崇尚饮茶，并在寺院周围植茶树、制定茶礼、设茶堂，专事茶事活动。在唐代形成的中国茶道分宫廷茶道、寺院茶礼和文人茶道。

（四）宋代茶文化

宋代茶业已有很大发展，并推动了茶叶文化的发展，于是，在文人中出现了专业品茶社团，有官员组成的"汤社"、佛教徒的"千人社"等。宋太祖赵匡胤是位嗜茶之士，在宫廷中设立茶事机关，宫廷用茶已分等级。茶仪已成礼制，赐茶已成皇帝笼络大臣、眷怀亲族的重要手段，同时还赐给国外使节。至于下层社会，茶文化更是生机勃勃：有人迁徙，邻里要"献茶"；有客来，要敬"元宝茶"；订婚时要"下茶"；结婚时要"定茶"；同房时要"合茶"。民间斗茶风起，带来了采制烹点的一系列变化。

（五）元代茶文化

自元代以后，茶文化进入了曲折发展期。宋人拓展了茶文化的社会层面和文化形式，茶事十分兴旺，但茶艺却走向了繁复、琐碎、奢侈，失去了唐代茶文化深刻的思想内涵。过于精细的茶艺淹没了茶文化的精神，失去了其高洁深邃的本质。在朝廷、贵族和文人那里，喝茶成了"喝礼儿""喝气派""玩茶"。

在元代，一方面，北方少数民族虽喜欢茶，但主要是出于生活、生理上的需要，从文化上却对品茶煮茗之事兴趣不大；另一方面，汉族文化人也无心再以茶事表现自己的风流倜傥，而希望通过饮茶表现自己的情操，磨砺自己的意志。这两股不同的思想潮流，在茶文化中契合后，促进了茶艺向简约、返璞归真方向发展。

（六）明清茶文化

明代中叶以前，汉人有感于前代民族兴亡，开国便国事艰难，于是仍怀砺节之志。茶文化仍承元代势，表现为茶艺简约化、茶文化精髓与自然契合、以茶表现自己的苦节。此时已出现蒸青、炒青、烘青等各茶类，茶的饮用已改成"撮泡法"。明代不少文人雅士留有传世之作，如唐伯虎的《烹茶画卷》《品茶图》，文徵明的《惠山茶会记》《陆羽烹茶图》《品茶图》等。茶类的增多，泡茶的技艺有别，茶具的款式、质地、花纹千姿百态。到清朝，茶叶出口已成一种正式行业，茶书、茶事和茶诗不计其数。

（七）现代的发展

中华人民共和国成立后，中国茶叶从 1949 年的年产 7500 吨发展到 1998 年的 60 余万吨。茶物质财富的大量增加为中国茶文化的发展提供了坚实的基础，1982 年，在杭州成立了第一个以弘扬茶文化为宗旨的社会团体——"茶人之家"，1983 年湖北成立"陆羽茶文化研究会"，1990 年"中国茶人联谊会"在北京成立，1993 年"中国国际茶文化研究会"在湖州成立，1991 年"中国茶叶博物馆"在杭州西湖正式开放，1998 年"中国国际和平茶文化交流馆"建成。随着茶文化的兴起，各地茶艺馆越办越多。国际茶文化研讨会连续召开，各省各市及主产茶县纷纷主办"茶叶节"，如福建武夷山市的岩茶节，云南的普洱茶节，贵州国际茶文化节暨茶产业博览会和浙江新昌、泰顺，湖北英山，河南信阳的茶叶节等，都以茶为载体，促进了经济贸易的全面发展。

第四节　中国历代茶书

一、唐代前的茶书

自唐陆羽撰写世界上第一部茶书《茶经》以来到清末，这期间中国出了许多茶书。古代茶书按其内容分类，大体可分为综合类、专题类、地域类和汇编类四类。

综合类：综合类茶书主要是记述论说茶树植物形态特征、茶名汇考、茶树生态环境条件，茶的栽种、采制、烹煮技艺，以及茶具茶器、饮茶风俗、茶史茶事等。如陆羽的《茶经》、赵佶的《大观茶论》、朱权的《茶谱》、许次纾的《茶疏》和罗廪的《茶解》等。

地域类：地域类茶书主要是记述福建建安的北苑茶区和宜兴与长兴交界的界茶区，北苑茶区有丁谓的《苑茶录》、宋子安的《东溪试茶录》、赵汝砺的《北苑别录》和熊蕃的《宣和北苑贡茶录》等；罗茶区有熊明遇的《罗茶记》、周高起的《洞山茶系》、冯可宾的《茶》和冒襄的《界茶汇钞》等。

专题类：专题类茶书有专门介绍咏赞碾茶、煮水、点茶用具的审安老人的《茶具图赞》；有杂录茶诗、茶话和典故的夏树芳的《茶董》、陈继儒的《茶话》和陶谷的《茗荈录》等；有记述各地宜茶之水，并品评其高下的如张又新的《煎茶水记》、田艺薇的《煮泉小品》和徐献忠的《水品》等；有专讲煎茶、烹茶技艺，述说饮茶人品、茶侣、环境等的蔡襄的《茶录》、苏屏的《十六汤品》、陆树声的《茶寮记》和徐渭的《煎茶七类》等；有主要讨论茶叶采制换杂声病的黄儒的《品茶要录》……还有关于茶技、茶叶专卖和整饰茶叶品质的专著，如沈立的《茶法易览》、沈括的《本朝茶法》和程雨亭的《整饰皖茶文牌》等。

汇编类：汇编类的茶书，有把多种茶书合为一集的，如喻政的《茶书全集》……有摘录散见于史籍、笔记、杂考、字书、类书以及诗词、散文中茶事资料，做分类编辑的，如刘源长的《茶史》和陆廷灿的《续茶经》等。

二、唐代茶书

唐代陆羽所著的《茶经》首次开创编著茶书之先河，《茶经》全面总结记录了唐及其以前的茶事，全书分一之源、二之具、三之造、四之器、五之煮、六之饮、七之事、八之出、九之略、十之图共十章。

一之源：开篇说"茶者，南方之嘉木也"，概述了茶的产地和特性。该章介绍了"茶"字的构造及其同义字，茶树生长的自然条件和栽培方法，鲜叶品质的鉴别方法以及茶的效用等。

二之具："具"是指采制饼茶的工具，包括采茶工具、蒸茶工具、捣茶工具、拍茶工具、焙茶工具、穿茶工具和封藏工具等19种。

三之造：该章记述的是饼茶的采摘和制作方法，以及对茶的品质鉴别方法。从采摘到封藏，有采、蒸、捣、拍、焙、穿和封七道工序。

四之器："器"是指煮茶和饮茶用具，分为生火用具，煮茶用具，烤茶、碾茶和量茶用具，盛水、滤水和取水用具，盛盐，取盐用具，饮茶用具，盛器和摆设用具，清洁用具等，共8类计28种。

五之煮:该章介绍茶汤的调制步骤。先是用火烤茶，再鹅成末，然后烹煮，包括煮茶的水，以及如何煮茶。

六之饮：该章记述了饮茶的现实意义、饮茶的沿革和饮茶的方式方法。还论述了茶之造、之器、之煮以及茶之饮中的"九难"，即一曰造，二曰别，三曰器，四曰火，五曰水，六曰灸，七曰末，八曰煮，九曰饮。

七之事：该章全面收集了从上古至唐代有关茶的历史资料，共有48条，具体内容涉及医药、史料、神异、注释、诗词歌赋、地理和其他等七类。

八之出:该章记述了唐代的茶叶产地，遍及山南、江南、浙东、浙西、淮南、剑南、岭南、黔中8个道的43个州郡和44个县。

九之略："略"是指"二之具"所列的19种制茶工具和"四之器"所列的28种器具，在一定的条件下，有的可以省略。

十之图：是把《茶经》全文在白捐上抄录下来，挂在室内，便于观看和经常阅读。

唐代的茶书除陆羽的《茶经》外，还有以下一些:《茶述》：作者裴汶，裴汶曾任湖州刺史，《茶述》的原书已失，现仅从清陆廷灿《续茶经》卷上看到一些辑录的文字。

《采茶录》:作者温庭筠，此书在北宋时期即已失失。现仅从《说邪》和《古今图书集成》的食货典中可看到该书包含辨、嗜、易、苦和致五类六则。

《茶酒论》：作者王敷，该书中茶与酒各执一词，从多种角度夸耀己功。此书曾失传多时，直到敦煌壁文及其他唐人手写古籍被发现后，人们才重新得以认识。

《煎茶水记》：作者张又新，这是一本专门记述和评论煎茶用水的书，他书后特别提出："夫茶烹于所产处，无不佳也；盖水土之宜。离其处，水功其半。"

《十六汤品》：作者苏翼，十六汤品是说煎汤以老嫩来分有得一汤、婴汤、百寿汤三品，以注汤缓急来分有中汤、断脉汤、大壮汤三品，以贮汤的器类来分有富贵汤、秀碧汤、压一汤、缠口汤、减价汤五品，以煮汤的薪火来分有法律汤、一面汤、宵人汤、贼汤、大魔汤五品。

三、宋元茶书

宋代茶书地域性的如《北苑茶录》和《东溪试茶录》；专题性的，或专述烹试之艺，或专论采制病，或专介烹试器具，或专记税赋茶法等；综合性的，如《大观茶论》《补茶经》等。

宋徽宗是北宋的第八任皇帝，他虽然治国无方，但却多才多艺，于琴、棋、书、画颇有造诣。同时，他精于茶艺，还亲自编著了《大观茶论》一书。

《大观茶论》对茶的产制、烹试品鉴方面叙述甚详。主要内容分为天时、地产、采择、蒸压、制造、鉴辨、白茶、罗、碾、筅、杓、盏、瓶、水、味、点、香色、品名、藏焙、外焙等20目。对点茶及罗、碾、盏、筅的选择与应用都十分讲究人理，认为"频茶以黎明，见日则止。用爪断芽，不以指揉"。对茶的制造要"茶之美恶，尤系于蒸芽压黄之得失……蒸芽欲及熟而香，压黄欲膏尽函止"。对茶的品尝要"茶以味为上，甘香重滑，为味之全……卓绝之品，真香灵味，自然不同"。

宋元两代茶书共有31种，现存只12种。宋代茶书有个非常显著的特点，以地域类或专题类的茶书居多。除《大观茶论》和《补茶经》属于综合类的外，其余14种均属于地域类或专题类茶书。此外，宋代饮茶由煎煮法发展为烹点法，盛行"斗茶"和"分茶"，因而其烹点方法和茶具的制作选用就显得非常突出，于是便出现了茶艺专著《茶录》和《茶具图赞》。

（一）宋代地域类茶书

宋代贡茶产地从浙江湖州的顾渚移到了福建建安的北苑，由此记述北苑贡茶的著作颇多，而这些茶书的作者大多数是参与制造贡茶的官员。

《北苑茶录》：作者丁谓，字谓之，苏州长洲（今江苏苏州）人，曾任福建路转运使，主持北苑官焙贡茶。《北苑茶录》已失，如今只能从《事物纪源》、《东溪试茶录》和《宣和北苑贡茶录》中看到辑存的数条佚文。

《北苑别录》：作者赵汝，是一位福建路转运司的主管账司，同时也是北苑贡茶的亲历者。该书是为补充熊蕃的《宣和北苑贡茶录》而作，他认为"是书（指《宣和北苑贡茶录》）纪贡事之原委，与制作之更沿，固要且备矣。惟水数有赢缩，火候有函、纲次有先后、品色有多塞，亦不可以或幽"。

《东溪试茶录》：作者宋子安。该书称是"集拾丁蔡之遗"，即补丁谓《北苑茶录》和蔡襄《茶录》所没有的。该书的主要内容分为总叙焙名、北苑、佛岭、沙溪、蜜源、茶名、采茶、茶病等8目。"茶名"篇指出白叶茶、柑叶茶、细味茶、稽茶、早茶、晚茶、丛茶等七种茶的区别，"采茶"篇叙述采叶的时间和方法，"茶病"篇记述采制方法和采制不合法会怎样损害茶的品质。

《宣和北苑贡茶录》：作者熊蕃，字叔茂，建阳（今属福建）人。他在书中详细叙述了北苑茶的沿革和贡茶的种类。其子熊克，在他书中绘上38幅图附人，又将其父的《御苑采茶歌》10首也附在篇末。此书录下的北苑贡茶茶模图案，还有大小尺寸，是目前可以考证当时贡茶形制的唯一书籍。

（二）宋代专题类茶书

《茶录》：作者蔡襄，字君谟，兴化仙游（今福建仙游）人，他工于书法，为"宋四家"之一，曾任福建转运使。因为"陆羽的《茶经》不第建安之品，丁谓的《茶图》独论采造之本，至于烹试，曾未有用"，遂著《茶录》，大都是论述烹试方法和所用器具。该书不足800字，分上下两篇，上篇论茶，分色、香、味、藏茶、炙茶、碾茶、罗茶、候汤、点茶等10目；下篇论器，分茶焙、茶笼、钻椎、茶铃、茶碾、茶罗、茶盏、茶匙、汤瓶10目。

《品茶要录》：作者黄儒，字道辅，北宋建安人。他所著《品茶要录》约1900字，前有总论、后有后论各一篇，中间主要叙述茶叶在采制过程中的病，分为采造过时、白合盗叶、蒸不熟、过熟、人杂、压黄、焦釜、渍膏、伤焙、辨源沙溪等10目。书后有苏试《书黄道辅〈品茶要录〉后》一篇，并评黄儒"作《品茶要录》10篇，委曲微妙，皆陆鸿渐以来论茶者所未及……今道辅无所发其辩而寓之于茶，为世外淡泊之好，以此高韵辅精理者。"

《茶具图赞》：作者审安老人，其姓名和生平事迹不详，该书记录了宋代12种茶具的形制，并各为图赞，借以职官名代称，该书对于考证古代茶具的形制演变有很高的价值。

《本朝茶法》：作者沈括，字存中，浙江钱塘（今浙江杭州）人，沈括学识广博，他著有《梦溪笔谈》《长兴集》《苏沈良方》等。其中《本朝茶法》属于《梦溪笔谈》卷一二中的第8、第9两条，记述了宋代茶税和耀茶的情况。

四、明代茶树

《茶疏》作者许次绿，明代浙江钱塘（今浙江杭州）人，其人诗文清丽，好蓄奇石，一生喜欢品泉烹茶。《茶疏》的主要内容分为产茶、采摘、炒茶、齐中制法、今古制法、置顿、收藏、取用、包裹、日用置顿、择水、晋水、贮水、煮水器、火候、烹点、秤量、汤候、瓯注、荡涤、饮、论客、茶所、洗茶、童子、饮时、宜辍、不宜用、不宜近、良友、出游、权宜、虎林水、宜节、辨和考本等36则。

明朝是中国古代盛产茶书的时期，200多年的时间就出书68种，其中现存33种、辑件6种、已件29种。除了许次绿的《茶疏》外，主要还有：

《茶录》：作者张源，字伯渊，江苏包山（江苏洞庭西山）人。《茶录》全书约1500字，内容分为采茶、辨茶、造茶、藏茶、火候、汤辨、泡法、投茶、汤用老嫩、饮茶、色、香、味、点染失真、茶变不可用、品泉、井水不宜茶、贮水、拭盏布、茶盏、茶具、分茶盒、茶道等。

《茶谱》：作者钱椿年，字宾桂，人称友兰翁，江苏常熟人。《茶谱》的主要内容分为茶略、茶品、艺茶、采茶、藏茶、制茶诸法、煎茶四要（择茶、洗茶、候汤、择品）和点茶三要（涤器、烙盏、择果）和茶效等共 9 目，全书约 1200 字。

《茶察记》：作者陆树声，字与吉，号平泉，华亭（今上海松江）人。《茶察记》全书约 500 字，首为引言，漫笔记录他与适园的无争居士、五台僧演镇、终南僧明亮在茶寮中的烹茶情况。次为煎茶七类，有人品、品泉、烹点、尝茶、茶候、茶侣和茶勋等 7 目，主要叙述了烹茶的方法以及饮茶的人品和兴致。

《茶说》：作者屠隆，字长卿，浙江郭县人，明万历时进士，曾任颍上知县、礼部主事等职，后因遭论言而墨归。《茶说》本名《茶笑》，是其所著《考余事》中的一章，记述了茶的品类、采制、收藏以及如何择水和烹茶等。

《茶解》：作者罗漂，字高君，浙江慈溪人。他在书前的总论中说："余自儿时，性喜茶，顾名品不易得，得亦不常有。乃周游产茶之地，采其法制，参互考订，深有所会。遂于中隐山阳，栽植培灌，兹且十年。春夏之交，手为摘制，聊是供斋头烹啜。"表明书中所记的都是亲身经验。《茶解》全书约 3000 字，在总论后的内为原（产地）、品（茶的色、香、味）、艺（栽茶）、采（采茶）、制（制茶）、烹（彻泡）、藏（收藏）、水（择水）、禁（在采制藏烹中不宜有的事）和器（采制藏烹中所用器具）等。

五、清代茶书

清代的茶书大多是摘抄汇编性质的，共有茶书 17 种，现存 8 种。其中规模最大的茶书是陆廷灿的《续茶经》。陆廷灿，字秋昭，一字慢亭，江苏嘉定（今嘉定属上海）人。《续茶经》近 10 万字，分为上、中、下三卷，目次依照《茶经》，附茶法一卷。清代的茶书除了陆廷灿的《续茶经》外，主要还有：

《龙井访茶记》：作者程消，字白霞，江苏吴县人。《龙井访茶记》是程消于清末宣统三年所撰，全书分为土性、栽植、培养、采摘、焙制、烹渝、香味、收藏、产额、特色等 10 目。以"焙制"所述龙井茶的炒法看，当时的龙井茶已是扁形。这是最早记述龙井茶扁形制法的文字。

《茶史》：作者刘源长，长字介社，淮安（今属江苏）人。《茶史》卷 1 分茶之原始、茶之名产、茶之分产、茶之近品、陆鸿渐品茶之出、唐宋诸名家品茶、袁宏道《龙井记》、采茶、焙茶、藏茶、制茶；卷 2 分品水、名泉、古今名家品水、贮水、候汤、茶具、茶事、茶之隽赏、茶之辩论、茶之高致、茶癖、茶效、古今名家茶咏、杂录、志地等共 30 目。

《虎丘茶经注补》：作者陈鉴，字子明，广东人。《虎丘茶经注补》全书约 3600 字，仿陆羽《茶经》分为 10 目，每目摘录《茶经》原文话题，在下面加注有关虎丘的茶事。

该书记茶的产地、采、鉴别、烹饮等。

六、当代茶书

现代茶书的特征是内容分工明确，大体可分三类：第一类是关于茶业经济研究的，如吴觉农和胡浩川合撰的《中国茶叶复兴计划》、赵烈撰的《中国茶业问题》等；第二类是关于种茶、制茶的，如吴觉农撰的《茶树栽培法》和程天缓撰的《种茶法》等；第三类是关于茶叶文史的，如胡山源编的《古今茶事》和王云五编的《茶录》等。

由陈宗懋主编的《中国茶经》是一部集茶叶科技与茶文化之大成的茶业百科全书，全书分为茶史、茶性、茶类、茶技、饮茶、茶文化六大篇章，后设附录，共 140 余万字。其中：茶史篇主要记述了我国各个主要历史时期茶叶生产技术和茶文化的发生发展过程。

茶性篇叙述了茶的属性、品种、栽培、加工、贮运、饮茶，以及茶与人健康关系。

茶类篇介绍了中国六大茶类的形成和演变，详尽说明了名优茶、特种茶的历史渊源和品质特点。

茶技篇包括茶树选种、育种、栽培、采摘和加工技术，以及茶叶品质的审评检验、茶业机械、茶的综合利用等。

饮茶篇具体而生动描述了各类茶的饮用方式，特别是具有浓郁地方和民族特色的品饮方法和礼仪。

茶文化篇记述了茶与民俗、名人与茶、茶事掌故、茶的传说等。

第二章 茶叶种植、加工与科研

茶者，原为中国南方之嘉木。茶叶作为一种著名的保健饮品，它是古代中国南方人民对中国饮食文化的贡献，也是中国人民对世界饮食文化的贡献。因此，认识茶树，了解茶树的种植、茶叶的加工及科研情况是我们学习、弘扬茶文化的必要历程。

茶树是多年生常绿木本植物，但茶树就是我们看见的那么低矮吗？它的家族又有哪些成员呢？对于它们，该如何分类才恰当呢？这样的追问是有意义的，也是有乐趣的。若你不便去茶林，那就到本章的书页中去探查吧。

种植茶树和一般的种树行为一样吗？本章茶树种植的介绍，将会给你满意的答案。

只认识茶树和了解茶树种植是不够的，还要识得茶滋味。红茶、黑茶和花茶等是怎么得来的，你清楚吗？让我们一起走进制茶天地吧！坊间流传有人倒掉茶汁，只吃茶叶的饮茶趣闻，你认为这只是一个笑话吗？其实，茶叶产品同样是比较丰富的。当然，若要探究这方面的内容，只得求助茶叶科研了。认真地做一个求知者吧，这里的内容也精彩，定会让你收获多多。

第一节 茶树的品种

茶树，原名茶，山茶科，山茶属灌木或小乔木，嫩枝无毛，叶薄革质，呈长圆形或椭圆形。茶树的叶子可制茶（有别于油茶树），种子可以榨油，茶树材质细密，可用于雕刻。

茶树分布主要集中在南纬 16°至北纬 30°之间，喜欢温暖湿润气候，平均气温 10℃以上时开始萌芽，生长最适宜的温度为 20℃~25℃；年降水量需在 1000 毫米以上；喜光耐阴，适于在漫射光下生育；一生分为幼苗期、幼年期、成年期和衰老期。

茶树树龄可达一二百年，但经济年龄一般为 40~50 年。我国西南地区是茶树的起源中心，目前世界上有 60 个国家引种了茶树。在热带地区也有乔木型茶树，高达 15~30 米，基部树围 1.5 米以上，树龄可达数百年乃至上千年。

一、形态特征

茶树呈丛生灌木状，嫩枝细毛，叶薄革质，为椭圆状披针形或长椭圆形，叶脉明显，背面有时有毛，前端钝尖。花单生叶腋或 2~3 朵组成聚伞花序，白色，花梗下弯；萼片 5~7 片，宿存；花瓣 5~9 瓣；子房密被白色柔毛。蒴果球形，径约 1.5 厘米，3 棱；种子棕褐色。花期为 8~12 月；果期为次年 10~11 月。

茶树的叶子呈椭圆形，边缘有锯齿，叶间开五瓣白花，果实扁圆，呈三角形，果实开裂后露出种子。

在热带地区也有乔木型茶树，高达 15~30 米，基部树围 1.5 米以上，树龄可达数百年乃至上千年。茶树栽培往往通过修剪来抑制纵向生长，所以树高多在 0.8~1.2 米。茶树树龄一般在 50~60 年。

二、茶树的分类

茶树是多年生常绿木本植物，根据我国茶树品种主要性状和特性的研究，并照顾到现行品种分类的习惯，我们将茶树品种按树型、叶片大小和发芽早迟三个主要性状分为三个分类等级，作为茶树品种分类系统，各级分类标准如下。

（一）第一级分类系统——"型"

分类性状为树型，主要以自然生长情况下植株的高度和分枝习性而定，分为乔木型、小乔木型和灌木型。

1. 乔木型

此类是较原始的茶树类型，分布于与茶树原产地自然条件较接近的自然区域，即我国热带或亚热带地区。植株高大，从植株基部到上部，均有明显的主干，呈总状分枝，分枝部位高，枝叶稀疏。叶片大，叶片长度的变异范围为 10 ～ 26 厘米，多数品种叶长为 14 厘米以上。叶片栅栏组织为一层。

2. 小乔木型

此类属进化类型，抗逆性较乔木类强，分布于亚热带或热带茶区。植株较高大，从植株基部至中部主干明显，植株上部主干则不明显。分枝较稀，大多数品种叶片长度为 10 ～ 14 厘米，叶片栅栏组织多为两层。

3. 灌木型

此类亦属进化类型，包括的品种最多，主要分布于亚热带茶区，我国大多数茶区均有分布。植株低矮，无明显主干，从植株基部分枝，分枝密，叶片较小，叶片长度变异范围大，为 2.2 ～ 140 厘米，大多数品种叶片长度在 10 厘米以下。叶片栅栏组织 2 ～ 3 层。

（二）第二级分类系统——"类"

分类性状为叶片大小，以成熟叶片长度为准，并兼顾其宽度而定，分为特大叶类、大叶类、中叶类和小叶类。

（三）第三级分类系统——"种"

这里所谓的"种"，乃是指品种或品系，不同于植物分类学上的种，此处系借用习惯上的称谓。分类性状为发芽时期，主要以头轮营养芽，即越冬营养芽开采期（一芽三叶开展盛期）所需的活动积温而定。分为早芽种、中芽种和迟芽种。根据全国主要茶树品种营养芽物候学的观察结果，将第三级分类系统做如下划分。

1. 早芽种：发芽期早，头茶开采期活动积温在 400℃以下。

2. 中芽种：发芽期中等，头茶开采期活动积温在 400℃ ~ 500℃。

3. 迟芽种：发芽期迟，头茶开采期活动积温在 500℃以上。

三、茶树的变种

（一）白毛茶

与原变种的区别在于其嫩枝及叶片下面均被有密柔毛，花特别小，萼片被灰白毛，产于云南南部、广西，模式标本采自广西凌云。

（二）香花茶

与原变种的区别在于其叶片狭窄倒披针形，花有香味，产于广东、广西等地，模式标本采自香港大雾山。

据植物学家分析，茶树起源至今已有 6000 万年至 7000 万年历史了。而作为最早发现并使用茶这一植物的中国，已将茶从简单的品饮发展成了一种文化，成为中华民族不可或缺的一部分。

第二节　茶树的种植

20 世纪 50 年代以来，贵州茶叶科研人员在密植免耕技术、提高土壤肥力、提高产量、提高品质垦殖技术方面完成了近 20 项科研项目的茶树栽培研究。其中，有 10 项分别获得国家、省、厅的各种奖励。1992 年，《茶树组合密植研究》还获得了联合国技术信息促进系统中国国家分部发明创新科技之星奖。

一、窝种

老茶树移栽和在丛林荒地择地种茶的方法：一窝种茶树苗 1 ~ 2 棵。

二、行种

一是单行条栽茶园，种植行距 150 厘米，丛距 33 厘米，每亩种植约 1350 丛。

二是双行条栽茶园，种植大行距为 150 厘米，小行距为 30 厘米，丛距 20 厘米，每公顷种植约 66418 丛。

三、密植免耕

茶树密植免耕，是指新建茶园时在深耕施足底肥的基础上，采用双行以上的多条密植法，在郁蔽后实行免耕。茶树密植免耕，要抓好种前深耕，施足基肥，密植是关键，茶树的密植和郁蔽后的土壤免耕，是相辅相成的。密植茶园土壤的耕作管理必须根据茶树的生物学特性、生长发育规律及栽培方式正确进行。所以免耕是茶树密植后所导致的必然结果。

茶树密植免耕，是茶区群众在长期生产实践过程中根据积累的丰富经验创造出来的。这一经验的出现改变了长期以来人们对发展茶叶生产存在的"时间长、投资大、收益慢"的偏见。密植免耕茶园可以达到"一年种两年摘，三年亩产超双百"的效果。这和过去建立新茶园投产年限（一年种，经过两三次定型修剪，四五年小采，六七年大采）相比，大大缩短了投产年限，符合多、快、好、省的原则，为茶叶生产快速高产、稳产提供了新的栽培技术。

第三节　茶叶的加工

茶的加工，就是筛、切、选、拣、炒的反复操作过程，是从毛茶到精茶，经过各道工序再到整个生产流水作业线的总称。各工序的先后安排、反复次数的多少等，都需根据一定的原则进行。

一、六大类茶叶加工

（一）红茶的加工过程及方法

红茶对茶青的要求：除小种红茶要求鲜叶有一定成熟度外，工夫红茶和红碎茶都要有较高的嫩度，一般是以一芽两三叶为标准。采摘季节也是影响因素，一般夏茶采制红茶较好，这是因为夏茶多酚类化合物含量较高，适制红茶。红茶的基本制造过程是：萎凋、揉捻、发酵和干燥。

1. 萎凋

萎凋的目的就是要使鲜叶失去一部分水分，叶片变软，青草气消失，并散发出香气。鲜叶采摘后，要均匀地摊放在萎凋槽上或萎凋机中萎凋。萎凋槽一般长 10 米、宽 1.5 米，盛叶框边高 20 厘米。摊放叶的厚度一般在 18 ~ 20 厘米，下面鼓风机气流温度在 35℃左右，萎凋时间宜于 4 ~ 5 小时。常温下自然萎凋时间以 8 ~ 10 小时为宜。萎凋适度的茶叶萎缩变软，手捏叶片有柔软感，无摩擦响声，紧握叶子成团，松手时叶子松散缓慢，叶色转为暗绿，表面光泽消失，鲜叶的青草气减退，透出萎凋叶特有的清香。

2. 揉捻

揉捻的目的：一是使叶细胞通过揉捻后破坏，茶汁外溢，加速多酚类化合物的酶促氧化，为形成红茶特有的内质奠定基础；二是使叶片揉卷成紧直条索，缩小体积，塑造美观的外形；三是使茶汁溢聚于叶条表面，冲泡时易溶于水，形成光泽的外形，增加茶汤的浓度。

红茶的揉捻机一般都比较大，多使用 50 厘米以上甚至 90 厘米的揉捻桶。其揉捻的适合度以细胞破坏率为 90% 以上，条索紧卷，茶汁充分外溢，黏附于叶表面，用手紧握，茶汁溢而不成滴流为宜。

3. 发酵

发酵是工夫红茶形成品质的关键过程。所谓红茶发酵，是在酶促作用下，以多酚类化合物氧化为主的一系列化学变化的过程。

发酵室气温一般在24℃～25℃,相对湿度为95%,摊叶厚度一般在8～12厘米。发酵适度的茶叶青草气消失,出现一种新鲜的、清新的花果香,叶色变红,春茶黄红色、夏茶红黄色,嫩叶色泽红润,老叶因变化困难常常红里泛青。

4. 干燥

发酵好的茶叶必须立即送入烘干机烘干,以制止茶叶继续发酵。烘干一般分两次,第一次称毛火,温度为110℃～120℃,茶叶含水量在20%～25%;第二次称足火,温度为85℃～95℃,茶叶成品含水量为6%。

(二)绿茶的加工过程及方法

我国茶叶生产以绿茶为最早。自唐代我国便采用蒸汽杀青的方法制造团茶,到了宋代改为蒸青散茶。到了明代,我国又发明了炒青制法,此后便逐渐淘汰了蒸青。

我国目前所采用的绿茶加工过程是:鲜叶、杀青、揉捻、干燥。

1. 杀青

杀青是形成绿茶品质的关键性技术措施。其主要目的:一是彻底破坏鲜叶中酶的活性,制止多酚类化合物的酶促氧化,以获得绿茶应有的色、香、味;二是散发青草气,发展茶香;三是蒸发一部分水分,使之变得柔软,增强韧性,便于揉捻成形。鲜叶采来后,要放在地上摊晾2～3小时,然后进行杀青。杀青的第一个原则是"高温杀青,先高后低",使杀青锅或滚筒的温度达到180℃左右或者更高,以迅速破坏酶的活性,然后适当降低温度,使芽尖和叶缘不致被炒焦,影响绿茶品质,达到杀菌杀透、老而不焦、嫩而不生的目的。杀青的第二个原则是要掌握"老叶轻杀,嫩叶老杀"。所谓老杀,就是失水适当多些;所谓嫩杀,就是失水适当少些。因为嫩叶中酶的催化作用较强,含水量较高,所以要老杀。如果嫩杀,则酶的活化未被彻底破坏,会产生红梗红叶。杀青叶含水量过高,在揉捻时液汁易流失,加压时易成糊状,芽叶易断碎。杀青叶适度的标志是:叶色由鲜绿转为暗绿,无红梗红叶,手捏叶软,略微粘手，嫩茎梗折不断，紧捏叶子成团，稍有弹性，青草气消失，茶香显露。

2. 揉捻

揉捻的目的是为了缩小体积，为炒干成形打好基础，同时适当破坏叶组织，既要使茶汁容易泡出，又要耐冲泡。

揉捻一般分热揉和冷揉，所谓热揉，就是杀青叶不经堆放趁热揉捻；所谓冷揉，就是杀青叶出锅后，经过一段时间的摊放，使叶温下降到一定程度后揉捻。较老叶纤维素含量高，揉捻时不易成条，宜采用热揉；高级嫩叶揉捻容易成条，为保持良好的色泽和香气，采用冷揉。

目前除制作龙井、碧螺春等手工名茶外，绝大部分茶叶都采取揉捻机来进行揉捻。即把杀青好的鲜叶装入揉桶，盖上揉捻机盖，加一定的压力进行揉捻。加压的原则是"轻、重、轻"，即先要轻压，然后逐步加重，再慢慢减轻，最后部分再加压揉5分钟左右。揉捻叶细胞破坏率一般为45%～55%，茶汁黏附于叶面，手摸有润滑粘手的感觉。

3. 干燥

干燥的方法有很多，有的用烘干机或烘笼烘干，有的用锅炒干，有的用滚筒炒干，但不论何种方法，其目的一是使叶子在杀青的基础上继续让内含物发生变化，提高内在品质；二是在揉捻的基础上整理条索，改进外形；三是排出过多水分，防止霉变，便于贮藏。经干燥后的茶叶必须达到安全的保管条件，即含水量在5%～6%，以手揉叶能成碎末。

（三）乌龙茶的加工过程及方法

乌龙茶要经过采青、晾青、晒青、凉青、做青（摇青摊置）、炒青、揉捻、初焙、复焙、复包揉、文火慢烤、拣簸等工序制成成品。

制作优质精品乌龙茶必须具备"天、地、人"三个要素。天，指适宜的气候环境，在天气清朗，昼夜温差较大，刮东南风时制作最佳；地，指纯种乌龙茶茶树，适应茶树生长的良好土壤、地理位置和海拔高度，并精心培育，1～5年生茶树制品尤佳；人，指精湛的采制技术，如在做青阶段，要灵活地掌握"看天做青"和"看青做青"。

乌龙茶制作严谨，技艺精巧。一年分四季采制，高山茶分春秋两季。谷雨至立夏（4月中下旬至5月上旬）为春茶，夏至至小暑（6月中下旬至7月上旬）为夏茶，立秋至处暑（8月上旬至8月下旬）为暑茶，秋分至寒露（9月下旬至10月上旬）为秋茶。制茶品质以春茶为最好。秋茶次之，其香气特浓，俗称秋香，但汤味较薄。暑茶品质较次。鲜叶采摘标准必须在嫩梢形成芽后，顶叶刚展开呈小开面或中开面时，采下两三叶。采时要做到"五不"，即不折断叶片，不折叠叶张，不碰碎叶尖，不带单片，不带鱼叶和老梗。生长地带不同的茶树鲜叶要分开，特别是早青、午青、晚青要严格分开制作，以午青品质为最优。

1. 采青（采摘）

晴天的正午10时至下午3时采摘的鲜叶质量最好，不能在下雨天或阴天中采摘，否则将很难形成甘醇之味及香气；而且茶叶的鲜嫩度要适中，一般选三叶一芽，枝梗宜短、细小。这样枝梗的含水量才会少，制作出来才会形成高档气质。采青很辛苦，采青的最佳时间也正是日照正烈的时候，且全靠手工一叶叶地采摘，因此需要很多人手。

采摘标准：乌龙茶采摘讲究一芽两叶或一芽三叶时开采，不能太长也不能太短。太长了枝梗粗壮不利于粗制，太短了叶片太嫩做不成茶。

2. 晒青

茶青采下来后要放在阴凉通风的地方避免阳光暴晒，当茶青积累到一定量（一般够做五六千克毛茶）就运回家里置于空调房内。等到夕阳西下时，再将其薄薄地摊晾在地上晒青。晒青形式有很多种，有的是摊在木筛上，在架子上进行，有的是直接摊铺在地上，有的则在地上铺上竹筛晒青，主要还是根据当时的气温而定。晒青的目的是先利用地热、柔和的夕阳和晚风使青叶蒸发部分水分，为摇青做准备。此时的关键是叶片上的泥土味、杂味等要去尽，却又不能晒死。

3. 晾青

茶青经过晒青后，将茶青置于竹筛上，放入空调房静置，茶青经过晒青后，会蒸发部分水分，青叶成塌软样，在空调房静置时，叶梗、叶脉的水分会往叶面补充，这时，叶面又会挺直起来。

4. 摇青

当茶青晾青后，根据青叶的水分变化情况，就可以决定是否摇青了。将竹筛中的茶青倒入竹制摇青机中准备摇青。在摇青的过程中，通过"闻青叶香气，看青叶颜色变化"来决定摇青的次数和轻重。一般摇青要重复 2～3 次，每次摇青间隔个把小时，具体要看茶青的质量和当天天气。这一环节在反复的摇青和静置中决定了茶叶的质量，为制茶中最关键的步骤。

5. 静置

将摇青过的青叶移入青间，放在木筛架上静置。在摇青时青叶散发的水分通过静置，又会从叶梗、叶脉往叶面补充散发，到完成最后一次摇青时已是夜深人静，这时要将茶青静置到第二天使其发酵。

6. 杀青（炒青）

到了第二天，茶农就要不时通过对茶青的看、闻、摸、试来决定是否要炒青。这一环节将最终决定乌龙茶的质量，也将决定毛茶的价格。有经验的茶农此时都能把握时机制作出优质的乌龙茶。由于杀青后叶子上会产生一定的红边，此时还需将红边去除，否则会影响茶叶质量。

7. 包揉成型

把杀青后的茶叶包在特制的布里（俗称茶巾），利用速包机把整个茶叶紧包成球状。从这个环节开始，后面环节的目的就是控制乌龙茶的外形和颜色。

8. 揉捻

将打包好的茶包放在揉捻机中进行揉捻，使茶叶成型。茶球在紧包的状态下在揉捻机中滚动，里面的叶子受到挤压慢慢变成颗粒状，从叶状到颗粒状的神奇转化全在这里，当然这要经过很多遍的操作。多次之后再把打包好的茶球打散,以便重复进行包揉和揉捻。

9. 焙火

将茶揉捻到有一定湿润并有一定色泽后就要将其焙火,把茶团解块后摊铺在竹筛上再放在铁架上,放入炉中焙火。包揉、揉捻与焙火是多次重复进行的,这些过程重复多了将使茶叶颗粒黯淡无光、色泽不鲜活,重复次数少了又会使颗粒蓬松颜色发白,应当适当进行直到外形满意为止。

10. 烤焙

茶叶最终成型时,需进行烤焙以便将茶叶中的水分烘干。这将影响茶叶的存储时间以及能否保证在茶叶的存储和转运的过程中不变味。一般要进行一个小时。

(四)白茶的加工过程及方法

白茶的主要品种有白牡丹、白毫银针、贡眉和寿眉,不同的白茶品种加工工艺各不相同。

采用单芽为原料按白茶加工工艺加工而成的,称为白毫银针;采用福鼎大白茶、福鼎大毫茶、政和大白茶和福安大白茶等茶树品种的一芽一二叶,按白茶加工工艺加工而成的,称为白牡丹或新白茶;采用菜茶的一芽一二叶,加工而成的为贡眉;采用抽针后的鲜叶制成的白茶称寿眉。

但是从制作工艺的步骤上来说,却有着细微的差别。白毫银针的制作工序为:茶芽、萎凋、烘焙、筛拣、复火、装箱;白牡丹、贡眉工艺为:鲜叶、萎凋、烘焙(或阴干)、拣剔(或筛拣)、复火、装箱。其中的关键在于萎凋,萎凋分为室内自然萎凋、复式萎凋和加温萎凋,根据气候灵活掌握,以春秋晴天或夏季不闷热的晴朗天气,采取室内萎凋或复式萎凋为佳。

白茶的制作流程,主要包括如下四步。

1. 采摘

白茶根据气温采摘玉白色一芽一叶初展鲜叶,做到早采、嫩采、勤采、净采。芽叶成朵,大小均匀,留柄要短。轻采轻放。竹篓盛装,竹筐贮运。

2. 萎凋

采摘鲜叶用竹匾及时摊放，厚度均匀，不可翻动。摊青后，根据气候条件和鲜叶等级，灵活选用室内自然萎凋、复式萎凋或加温萎凋。

3. 烘干

初烘：烘干机温度为 100℃ ~ 120℃，时间为 10 分钟；再摊晾 15 分钟。复烘：温度为 80℃ ~ 90℃；低温长烘 70℃左右。

4. 保存

干茶含水量控制在 5% 以内，放入冰库，温度 1℃ ~ 5℃。冰库取出的茶叶 3 小时后打开，进行包装。

白茶主产地在福建省，独特的气候条件适合茶树的生长，后来的采摘以及制作工艺更加考究，每个细节都决定了茶叶的质量。

（五）黄茶的加工过程及方法

黄茶因黄汤黄叶而得名，其制法采用独特的"闷黄"制作工艺。制作方法如下。

1. 杀青

黄茶通过杀青，以破坏酶的活性，蒸发一部分水分，散发青草气，对香味的形成有重要作用。

2. 闷黄

闷黄是黄茶类制造工艺的特点，是形成黄色黄汤的关键工序。从杀青到黄茶干燥结束，都可以为茶叶的黄变创造适当的湿热工艺条件，但作为一个制茶工序，有的茶在杀青后闷黄，有的在毛火后闷黄，有的则在闷炒交替时进行。针对不同茶叶品质，方法不一，但殊途同归，都是为了形成良好的黄色黄汤品质特征。

3. 干燥

黄茶的干燥一般分几次进行，温度也比其他茶类偏低。

4.揉捻

黄茶初制的塑形工序，通过揉捻形成其紧结弯曲的外形，并可改善内质。

注意事项：影响闷黄的主要因素为茶叶的含水量和叶温。含水越多，叶温越高，则湿热条件下的黄变过程也越快。

（六）黑茶的加工过程及方法

1.杀青

由于黑茶原料比较粗老，为了避免水分不足杀不匀透，一般除雨水叶、露水叶和幼嫩芽叶外，都要按10∶1的比例洒水（10千克鲜叶，1千克清水）。洒水要均匀，以便于杀青能杀匀杀透。

（1）手工杀青：选用大口径锅，炒锅斜嵌入灶中呈30°左右的倾斜面。备好草把和油桐树枝丫制成的三叉状炒茶叉。一般采用高温快炒，锅温280越～320℃，每锅投叶量4～5千克。鲜叶下锅后，立即以双手匀翻快炒，至烫手时改用炒茶叉抖抄，称为"亮叉"。当出现水蒸气时，则以右手持叉，左手握草把，将炒叶翻转闷炒，称为"渥叉"。亮叉与渥叉交替进行，历时2分钟左右。待茶叶软绵且带黏性，色转暗绿，无光泽，青草气消除，香气显出，折粗不易断，且均匀一致，即为杀青适度。

（2）机械杀青：当锅温达到杀青要求时，投入鲜叶8～10千克，依鲜叶的老嫩、水分含量的多少调节锅温，进行闷炒或抖炒。

2.初揉

黑茶原料粗老，揉捻要掌握轻压、短时、慢揉的原则。初揉中揉捻机转速以40转/分左右，揉捻时间15分钟左右为宜。待嫩叶成条，粗老叶成皱叠时即可。

3.渥堆

渥堆是形成黑茶色香味的关键性工序。渥堆应有适宜的条件，即要在背窗、洁净的地面，避免阳光直射，室温在25℃以上，相对湿度保持在85%左右。初揉后的茶坯要立即堆积起来，堆高约1米，上面加盖湿布、蓑衣等物，以保温保湿。渥堆过程中要进行一次翻堆，以利渥均匀。堆积 24 小时左右时，茶坯表面出现水珠，叶色由暗绿变为黄褐，带有酒糟气或酸辣气味，手伸入茶堆感觉发热，茶团黏性变小，一打即散即可。

4. 复揉

将渥堆适度的茶坯解块后，上机复揉，压力较初揉稍小，时间一般 6 ~ 8 分钟。下机解块，及时干燥。

5. 烘焙

烘焙是黑茶初制中的最后一道工序，通过烘焙形成黑茶特有的品质，即出现油黑色，散发出松烟香味。与其他茶类不同，黑茶的干燥方法采取松柴旺火烘焙，不忌烟味，分层累加湿坯，以便用长时间一次干燥。黑茶干燥在七星灶上进行，在灶口处的地面燃烧松柴，松柴采取横架方式，并保持火力均匀，借风力使火温均匀地透入七星孔内，并将火温均匀地扩散到灶面焙帘上。当焙帘上温度达到 70℃ 以上时，开始撒第一层茶坯，厚度 2 ~ 3 厘米，待第一层茶坯烘至六七成干时，再撒第二层，撒叶厚度稍薄。这样一层一层地加到 5 ~ 7 层，总的厚度不超过焙框的高度。待最上面的茶坯达七八成干时，即退火翻焙。干燥判断标准：茶梗易折断，手捏叶可成粉末，干茶色泽油黑，松烟香气扑鼻时，即为适度。

6. 储存

干毛茶下焙后，置于晒簟上摊晾至与室温相同后，及时装袋入库。

二、茶叶深加工

茶叶深加工是指用茶鲜叶、成品茶或茶叶和茶厂的废次品、下脚料为原料，利用相应的加工工艺生产出含茶制品的加工过程。茶制品可能以茶为主体，也可能是以其他物质为主体。

（一）茶叶深加工的意义

一是充分利用茶叶资源。很多的低档茶和茶下脚料、茶废弃物没有直接的市场出路，而其中又有大量可以利用的资源，对它们进行深加工就可以充分利用这些资源来为人类造福，而企业也可以从中获得经济利益。

二是丰富市场产品。茶叶是很好的东西，但是人们已经不满足茶叶仅仅是"干燥了的树叶"的产品形态，人们需要丰富化的茶制品。

三是开辟新的功能。茶叶的许多功能或功效不能够在传统的冲泡方法中得以利用，将茶进行深加工，可以有方向、有目的地利用这些功能。同时在深加工中也可以与其他的物质相配合，发挥出更大的作用。

（二）茶叶深加工的类别

茶叶的机械加工：指不改变茶叶的基本本质的加工方法，其特点是只改变茶叶的外部形式，如外观形状、大小，以便于贮藏、冲泡、符合卫生标准、美观等。袋泡茶是茶叶机械加工的典型产品。

茶叶的物理加工：其典型产品有速溶茶、罐装茶水（饮茶）、泡沫茶（调制茶）。这种加工方式改变了茶叶的形态，成品不再是"叶"装了。

化学和生物化学加工：指采用化学或生物化学的方法加工形成的具有某种功能性的产品，其特点是从茶原料中分离和纯化茶叶中的某些特效成分从而加以利用，或是改变茶叶的本质制成的产品，如茶色素系列、维生素系列和抗腐剂等。

茶叶的综合技术加工：指综合利用上述的几种技术制成含茶制品。茶叶深加工的技术手段主要有：茶叶药物加工、茶叶食品加工、茶叶发酵工程等。

（三）产品代表

1. 速溶茶

速溶茶是一种能迅速溶解于水的固体饮料茶。以成品茶、半成品茶、茶叶副产品或鲜叶为原料，通过提取、过滤、浓缩、干燥等工艺过程，加工成一种易溶入水而无茶渣的颗粒状、粉状或小片状的新型饮料，具有冲饮携带方便、不含农药残留等优点。速溶茶分为纯茶与调料调配茶两类，纯茶常见的有速溶红茶、速溶乌龙茶和速溶茉莉花茶等。添料调配茶有含糖的红茶、绿茶、乌龙茶以及柠檬红茶、奶茶、各种果味速溶茶。

2. 茶饮料

茶饮料是指用水浸泡茶叶，经抽提、过滤、澄清等工艺制成的茶汤或在茶汤中加入水、糖液、酸味剂、食用香精、果汁或植（谷）物抽提液等调制加工而成的制品。茶饮料是以茶叶的萃取液、茶粉、浓缩液为主要原料加工而成的饮料，具有茶叶的独特风味，含有天然茶多酚、咖啡碱等茶叶有效成分，兼有营养、保健功效，是清凉解渴的多功能饮料。

3. 茶色素胶囊

茶色素是从绿茶中提取的一类水溶性酚性色素。Roberts E.A.H（1959）将其分为茶黄素、茶红素和茶褐素，并阐述了制茶发酵中茶色素的形成途径等。茶色素被誉为"药物中的绿色黄金"。

4. 茶多酚系列

茶多酚是茶叶中多酚类物质的总称，包括黄烷醇类、花色苷类、黄酮类、黄酮醇类和酚酸类等，其中黄烷醇类物质（儿茶素）最为重要。茶多酚又称茶鞣或茶单宁，是形成茶叶色香味的主要成分之一，也是茶叶拥有保健功能的主要原因之一。本草千叶 IT 茶中含有丰富的茶多酚。茶多酚现已广泛运用于医药（茶多酚胶囊）、饮料生产、水果蔬菜保鲜和食用油储藏等领域。

5. 茶粉系列

茶粉是用茶树鲜叶经高温蒸汽杀青及特殊工艺处理后，瞬间粉碎成 38 微米以下的纯天然茶叶蒸青超微细粉末，最大限度地保持着茶叶原有的色泽以及营养、药理成分，不含任何化学添加剂，除供直接饮用外，可广泛添加于各类面制品（蛋糕、面包、挂面、饼干、豆腐）、冷冻品（奶冻、冰淇淋、速冻汤圆、雪糕、酸奶）、糖果巧克力、瓜子、月饼专用馅料、医药保健品、日用化工品等之中，以强化其营养保健功效，不同的茶叶可以做成不同的茶粉，同一种茶叶制作的工序不同，也会有很大的区别。

开展茶叶深加工，使茶叶产品向卫生、保健、方便等高级商品发展，已成为世界茶叶加工的大趋势。

第四节　茶叶的科研

为促进茶叶消费，提高茶叶经济效益，充分利用茶树资源，世界上许多国家都在研究和开发多元化的茶叶产品，特别是在茶叶深加工、综合利用及茶叶有效成分的提取方面更是发展蓬勃，使茶叶产品这一古老的传统产品焕发出新的活力。

一、茶叶产品科研

（一）茶饮料

（二）保健茶

保健茶是以茶为主，配有适量中药，既有茶味，又有轻微药味，并有保健治疗作用的饮料。保健茶首先在西方流行。中国保健茶是以绿茶、红茶或乌龙茶、花草茶为主要原料，配以单味或复方中药制成；也有用中药煎汁喷在茶叶上干燥而成；或者由药液茶液浓缩干燥而成。保健茶外形呈颗粒状，易于沸水速溶。保健茶多用袋包装，也有罐装或盒装。

产品种类分为减肥茶、解酒茶、明目健脑茶、润肠茶、助眠安神茶、美肤茶、排毒养颜茶等。

二、茶叶机具科研

我国茶叶的生产历史悠久，加工技艺精湛，制作历来以手工为主。近年来随着茶生产的迅速发展，茶机具的研制开发也随之快速发展。

（一）茶叶加工机械

茶叶加工机械指加工茶叶所用的机械设备，包括采茶机、包揉机、松包机、筛沫机、摇青机、除铁机、抖筛机、拣梗机、圆筛机、滚切机、磨光机、解块机、理条机、曲毫机、分级机、炒茶机、烘焙机、提香机、筛选机、杀青机、热风炉、炒干机、揉捻机、分装机、内膜机、茶叶挑梗机和真空包装机等。

（二）饮茶器具

在现代的生活茶艺中，常用到的泡茶器具有茶壶、壶垫、盖杯、煮水器、茶船、茶杯、杯托、茶海、茶荷、茶匙、茶则、茶盅、奉茶盘和水盂等。这些器具的造型、颜色和材质都不一，我们可选用较实用且能操作自如的器具来搭配。花茶、绿茶及较注重香气的青茶类，可用瓷壶、盖杯（盖碗）或玻璃杯来冲泡；部分发酵的乌龙茶、铁观音和水仙等宜用紫砂茶具；工夫红茶和碎红茶，一般也用瓷壶或紫砂壶冲泡。品饮绿茶或其他细嫩的茶类，不论用何种茶具均宜小不宜大，因用大杯则水量多、热度高，易使茶汤有熟汤味。家庭中收贮茶叶，则以罐贮法为宜。罐贮可用瓷瓶、陶罐、漆盒和玻璃罐等容器，尤以锡罐为佳。放入一小袋硅胶（出现红色时取出，用微火烘或经过日晒变成绿色后，又可继续使用），效果将更理想。

茶道组是指进行茶道的一组器具，一般是木制的，是茶艺中不可缺少的茶具，包括茶匙、茶针、茶夹等。另外，喝普洱茶的人习惯把撬茶的茶刀放在茶筒中。茶筒：形如笔筒，用来放置其他器具；茶匙：取茶用，像细长小勺；茶针：细长针状，通紫砂壶口用；茶夹：用来夹品茗杯等；茶则：用于在冲泡过程中投茶；茶海：又称茶漏，状似大开口漏斗，用来增加紫砂壶壶口面积；茶刀：撬普洱茶茶饼时用，一般不放在茶道组中。

第三章 茶文艺

识得茶滋味，光口品是不够的，还得学会用心尝。其实将茶味更深入地融入一系列的文艺形式中，这既是茶的幸事，更是我们的心灵得以在茶香里永驻的秘密。茶文艺的范畴是比较广泛的，本章内容就常见的茶文艺形式为大家做一些介绍，唯此我们才能在茶的世界里尽情地遨游。

第一节 茶诗词歌赋

中国茶文化源远流长，为世界文明做出了一定贡献，这与茶文化的流传有很深的因缘。历代文人以茶抒情、以茶遣兴、以茶交友、以茶联谊，创作了绚丽多彩的茶诗词、茶联和茶故事。这些诗词、对联和故事脍炙人口，正如品尝芬芳的名茶，让人心旷神怡，其乐无穷。

一、茶诗

中国历代的茶诗有数千首之多。中国古代茶诗，有以下两个特点。

（一）体裁多样

有五古、七古、五律、七律、排律、五绝和七绝，还有杂体诗。

（二）内容丰富

有农事诗，如采茶、造茶、茶园等；有咏物诗，如名茶诗、煎茶诗、饮茶诗、茶具诗等。

主要诗作：唐代皎然的《九日与陆处士羽饮茶》，张籍的《和韦开州盛山茶岭》，元稹的《茶》，卢仝的《走笔谢孟谏议寄新茶》，白居易的《山泉煎茶有怀》，郑谷的《峡中尝茶》；五代后晋郑邀的《茶诗》；北宋范仲淹的《和章岷从事斗茶歌》，苏轼的《汲江煎茶》《次韵曹辅寄壑源试焙新茶》；南宋白玉蟾的《茶歌》；元代谢宗可的《茶筅》；明代徐渭的《谢钟君惠石埭茶》；清代爱新觉罗·弘历的《坐龙井上烹茶偶成》等。

九日与陆处士羽饮茶

[唐]皎然

九日山僧院，东篱菊也黄。

俗人多泛酒，谁解助茶香?

此物清高世莫知，世人饮酒多自欺。

愁看毕卓瓮间夜，笑向陶潜篱下时。

崔侯啜之意不已，狂歌一曲惊人耳。

孰知茶道全尔真，唯有丹丘得如此。

和韦开州盛山茶岭

[唐]张籍

紫芽连白蕊，初向岭头生。

自看家人摘，寻常触露行。

茶

[唐]元稹

茶

香叶，嫩芽。

慕诗客，爱僧家。

碾雕白玉，罗织红纱。

铫煎黄蕊色，碗转曲尘花。

夜后邀陪明月，晨前命对朝霞。

洗尽古今人不倦，将至醉后岂堪夸。

走笔谢孟谏议寄新茶

[唐]卢仝

日高丈五睡正浓，军将打门惊周公。

口云谏议送书信，白绢斜封三道印。

开缄宛见谏议面，手阅月团三百片。

闻道新年入山里，蛰虫惊动春风起。

天子须尝阳羡茶，百草不敢先开花。

仁风暗结珠蓓蕾，先春抽出黄金芽。

摘鲜焙芳旋封裹，至精至好且不奢。

至尊之馀合王公，何事便到山人家？

柴门反关无俗客，纱帽笼头自煎吃。

碧云引风吹不断，白花浮光凝碗面。

一碗喉吻润，二碗破孤闷。

三碗搜枯肠，唯有文字五千卷。

四碗发轻汗，平生不平事，尽向毛孔散。

五碗肌骨清，六碗通仙灵。

七碗吃不得也，唯觉两腋习习清风生。

蓬莱山，在何处？玉川子乘此清风欲归去。

山中群仙司下土，地位清高隔风雨。

安得知百万亿苍生命，堕在颠崖受辛苦！

便为谏议问苍生，到头合得苏息否？

山泉煎茶有怀

[唐]白居易

坐酌泠泠水，看煎瑟瑟尘。

无由持一碗，寄与爱茶人。

峡中尝茶

[唐]郑谷

簇簇新英摘露光，小江园里火煎尝。

吴僧漫说鸦山好，蜀叟休夸鸟嘴香。

入座半瓯轻泛绿，开缄数片浅含黄。

鹿门病客不归去，酒渴更知春味长。

茶 诗

[后晋]郑遨

嫩芽香且灵，吾谓草中英。

夜臼和烟捣，寒炉对雪烹。

唯忧碧粉散，常见绿花生。

最是堪珍重，能令睡思清。

和章岷从事斗茶歌

[北宋]范仲淹

年年春自东南来，建溪先暖水微开。

溪边奇茗冠天下，武夷仙人从古栽。

新雷昨夜发何处，家家嬉笑穿云去。

露芽错落一番荣，缀玉含珠散嘉树。

终朝采掇未盈，唯求精粹不敢贪。

研膏焙乳有雅制，方中圭分圆中蟾。

北苑将期献天子，林下雄豪先斗美。

鼎磨云外首山铜，瓶携江上中泠水。

黄金碾畔绿尘飞，碧玉瓯中翠涛起。

斗茶味兮轻醍醐，斗茶香兮薄兰芷。

其间品第胡能欺，十目视而十手指。

胜若登仙不可攀，输同降将无穷耻。

吁嗟天产石上英，论功不愧阶前冥。

众人之浊我可清，千日之醉我可醒。

屈原试与招魂魄，刘伶却得闻雷霆。

卢仝敢不歌，陆羽须作经。

森然万象中，焉知无茶星。

商山丈人休茹芝，首阳先生休采薇。

长安酒价减百万，成都药市无光辉。

不如仙山一啜好，泠然便欲乘风飞。

君莫羡花间女郎只斗草，赢得珠玑满斗归。

汲江煎茶

[北宋]苏轼

活水还须活火煎，自临钓石取深清。

大瓢贮月归春瓮，小勺分江入夜瓶。

雪乳已翻煎处脚，松风忽作泻时声。

枯肠未易禁三碗，坐听荒城长短更。

次韵曹辅寄壑源试焙新茶

[北宋]苏轼

仙山灵草湿行云，洗遍香肌粉末匀。

明月来投玉川子，清风吹破武林春。

要知玉雪心肠好，不是膏油首面新。

戏作小诗群莫笑，从来佳茗似佳人。

茶 歌

[南宋]白玉蟾

柳眼偷看梅花飞，百花头上东风吹。

壑源春到不知时，霹雳一声惊晓枝。

枝头未敢展枪旗，吐玉缀金先献奇。

雀舌含春不解语，只有晓露晨烟知。

带露和烟摘归去，蒸来细捣几千杵。

捏作月团三百片，火候调匀文与武。

碾边飞絮捲玉尘，磨下落珠散金缕。

首山黄铜铸小铛，活火新泉自烹煮。

蟹眼已没鱼眼浮，垚垚松声送风雨。

定州红玉琢花瓷，瑞雪满瓯浮白乳。

绿云入口生香风，满口兰芷香无穷。

两腋飕飕毛窍通，洗尽枯肠万事空。

君不见孟谏议，送茶惊起卢仝睡。

又不见白居易，馈茶唤醒禹锡醉。

陆羽作茶经，曹晖作茶铭。

文天范公对茶笑，纱帽龙头煎石铫。

素虚见雨如丹砂，点作满盏菖蒲花。

东坡深得煎水法，酒阑往往觅一呷。

赵州梦里见南泉，爱结焚香瀹茗缘。

吾侪烹茶有滋味，华池神水先调试。

丹田一亩自栽培，金翁姹女采归来。

天炉地鼎依时节，炼作黄芽烹白雪。

味如甘露胜醍醐，服之顿觉沉疴苏。

身轻便欲登天衢，不知天上有茶无。

茶 筅
[元]谢宗可

此君一节莹无暇，夜听松风漱玉华。

万缕引风归蟹眼，半瓶飞雪起龙芽。

香凝翠发云生脚，湿满苍髯浪卷花。

到手纤毫皆尽力，多因不负玉川家。

谢钟君惠石埭茶
[明]徐渭

杭客矜龙井，苏人伐虎丘。

小筐来石埭，太守赏池州。

午梦醒犹蝶，春泉乳落牛。

对之堪七碗，纱帽正笼头。

坐龙井上烹茶偶成
[清]爱新觉罗·弘历

龙井新茶龙井泉，一家风味称烹煎。

寸芽生自烂石上，时节焙成谷雨前。

何必团凤夸御茗，聊因雀舌润心莲。

呼之欲出辨才在，笑我依然文字禅。

浙江大学西迁湄潭办学之"湄江吟社"九君子同题诗《试新茶》部分诗选如下。

试新茶
苏步青

祁门龙井渺难亲，品茗强宽湄水滨。

乳雾香凝金掌露，冰心好试玉壶春。

若余犹得清中味，香细了无佛室尘。

输与绮窗消永昼，落花庭院酒醒人。

试新茶

刘淦芝

乱世山居无异珍，聊将雀舌献嘉宾。

松柴炉小初红火，岩水程遥半旧甄。

闻到银针香胜酒，尝来玉露气如春。

诗成漫说增清兴，倘许偷闲学古人。

试新茶

王季梁

刘郎河洛豪爽人，买山种茶湄水滨。

才高更复嗜文艺，欲为诗社款诗神。

许分清品胜龙井，一盏定叫四壁春。

钱公喜极急折柬，净扫小阁无纤尘。

大铛小碗尽罗列，呼僮汲水燃炉薪。

寒泉才沸泻碧玉，一瓯泛绿流放茵。

浮杯已觉风生肘，引盏更若云随身。

岂必武夷坐九曲，且效北苑来三巡。

饮罢文思得神助，满座诗意咸蓁蓁。

嗟予本是天台客，石梁采茗时经旬。

名山一别隔烟海，东南怅望迷天垠。

安得乘风返乡国，竹窗一几话松筠。

试新茶

江问渔

座中都是倦游人，云海相望寄此身。

梦醒何堪惊久客，诗成多为惜余春。

万山雨霁忽争奕，一室茶香共试新。

龙井清泉无恙否，西湖回首总伤神。

试新茶

祝廉先

曾闻佳茗似佳人，更喜高僧不染尘。

秀撷辩才龙井好，寒斟惠远虎溪新。

赏真应识初回味，耐久还如古逸民。

睡起一瓯甘露似，时时香透隔生春。

试新茶

胡哲敷

龙井名茶何处真，武夷峰锁翠云频。

忘忧不用求护草，新绿曾经念故人。

清夜一杯权当酒，玉川七碗倍生春。

河山锦绣今奚似，话到西湖泪满巾。

试新茶

张鸿谟

小集湄滨试茗新，争将健笔为传神。

露香幽寂常留舌，花乳轻圆每滞唇。

不负茶经称博士，更怜玉局拟佳人。

来年若返杭州去，方识龙泓自有珍。

试新茶

钱宝琮

诗送落英眉未伸，玉川畅饮便骄人。

乳花泛绿香除散，谏果回甘味最真。

旧雨来时虚室白，清风生处满城春。

漫夸越客揉焙法，话到西湖总怆神。

二、茶词

从宋代起，诗人把茶写入词中，留下了不少佳作。如北宋黄庭坚的《品令》《满庭芳》《看花四》，苏轼的《行香子》等。

品令

[北宋]黄庭坚

凤舞团团饼，恨分破，教孤零。金渠体净，只轮慢碾，玉尘光莹。汤响松风，早减二分酒病。味浓香永，醉乡路，成佳境。恰如灯下故人，万里归来对影，口不能言，下快活自省。

三、茶曲

中国人好喝茶，古已有之。于微醒的清晨，于烦闷的午后，抑或于安静的中夜，沏上一杯清茶，听花开，听雨眠，自是一种难得的享受。而富有情调的中国人，让一支支小曲与这一片花雨相伴，更是惬意。或许，人的一生，品一壶茶足矣。茶曲主要作品有元代李德载《喜春来·赠茶肆》小令十首、元代张可久《人月圆·山中书事》《山斋小集》等。

山斋小集

[元]张可久

玉笛吹老碧桃花，石鼎烹来紫笋芽。山斋看了黄筌画，酚醾香满把，自然不尚奢华。醉李白名千载，富陶朱能几家？贫不了诗酒生涯。春水煎茶，石鼎烹茶。山中生活，数间茅舍，诗酒书茶，逍遥自在，不尚奢华。

四、茶赋

茶文学中，著名的赋作有晋代杜育的《荈赋》、唐代顾况的《茶赋》、宋代吴淑的《茶赋》、黄庭坚的《煎茶赋》、梅尧臣的《南有嘉茗赋》、元代赵孟頫的《茶榜》和明代周履靖的《茶德颂》等。

第二节　茶谚、茶联

一、茶谚

茶谚是指关于茶叶饮用和生产经验的概括和表述，并通过谚语的形式，采取口传心记的办法保存和流传。它并不与茶俱有，而是茶叶生产、饮用发展到一定阶段才产生的一种文化现象。茶谚最早的文字记载见唐代苏广的《十六汤品》，其中有："谚曰，茶瓶用瓦，如乘折脚骏马登高。"

茶谚，大略可归为以下几类。

讲述茶品的。如："山间乃是人家，清香嫩蕊黄芽。"指茶的产地以山区为佳，将嫩蕊黄芽之鲜美与清香，作为高品位的一个标准。"嫩香值千金"指对新茶嫩芽的赞美，新茶嫩芽有多茸毛（白毫）的特点。白毫富含咖啡碱，是茶叶片上的精华，饮之利于健康强身，故有值千金之称。

倡导茶礼的。如"客来敬茶""客到茶烟起""茶七饭八酒加倍"讲的就是茶的礼俗。"茶七"是指泡茶之水以碗之七成为宜，饭盛八成，酒则加倍。

讲究茶的泡饮方法的。比如："头交水，二交茶。"头次用开水冲泡，等茶叶徐徐沉入杯底，即可饮用；但由于好茶精制，第一道水还不能将茶汁充分泡出，及至两三次开水才能将茶汁清香盈匀杯中，喝出味道来。"头茶苦，二茶补，三汁四汁解罪过""头茶气芳，二茶易馊，三茶味薄"都是分析头茶、二茶、三茶品质上的差异。

揭示茶的产地与茶质的。如"高山雾多出名茶",名茶与山高多雾有关,包括顾渚紫笋、莫干黄芽等均是。"鸟语茶香",百鸟来栖,茶树害虫的天敌增多,则茶树的虫害必被抑制,茶树生长欣欣向荣。

传授植茶技术与经验的。如:"惊蛰过,茶脱壳。"惊蛰雷声起,大地春回,气温渐趋10℃以上。孕育和保护越冬芽的鳞片逐渐张开,因此茶农说"茶脱壳",也就是新茶叶的潜育期到来了。"茶叶不怕采,只要肥料待""留叶采摘,常采不败""茶籽采得多,茶园发展快""拱拱虫,拱一拱,茶农要吃西北风"这些都是传授种植茶叶经验的谚语。

介绍采茶要领与诀窍的。主要根据春、夏、秋三季茶叶的不同情况,适时采摘,合理采摘,合理留养。如"头茶勿采,二茶勿发""清明发芽,谷雨采茶""春茶一把,夏茶一头""茶叶本是时辰草,早三日是宝,迟三日是草""采高勿采低,采密不采稀"。

提醒饮茶与健康的。如"姜茶治病,糖茶和胃""清晨一杯茶,饿死卖药家""食了明前茶,使人眼睛佳""常喝茶,少烂牙"。

二、茶联

以茶为题的对联较多地出现在茶馆、茶叶生产经营单位和文化艺术领域等。尤其在茶馆,人们品茶赏对联,颇能增添品茗情趣,提升饮茶的艺术品位和享受层次。各地茶馆、茶楼及与茶关系密切的营业场所,其门庭、牌匾、厅堂、墙壁等处,多有耐人回味、禅味醇厚的茶联。

四川成都以前有一家茶馆,兼营酒业,但生意清淡。为改变窘况,店主请一位才子撰写茶酒对联一副,镌刻于大门两边:

为名忙,为利忙,忙里偷闲,且喝一杯茶去

劳心苦,劳力苦,苦中作乐,再倒一杯酒来

此联一出,众口叫好,行人为之感悟,于是就有切身体验一番的冲动。

就这样，此后该茶馆生意兴旺。客人喝茶饮酒感悟人生，店主卖茶卖酒赚钱买田。

浙江诗词楹联学会王翼奇所创作的描写品茗和泉水的对联云：

名草为茗茗须品一口二口三口

白水为泉泉须出孤山双山叠山

重庆嘉陵江茶楼一联云：

楼外是五百里嘉陵，非道子一笔画不出

胸中有几千年历史，凭卢仝七碗茶引来

成都望江楼有一联联云：

花笺茗碗香千载

云影波光活一楼

第三节　茶书法、茶画和茶雕刻

一、茶书法

历史上著名的茶书法作品有唐代怀素《苦笋帖》，苏轼《啜茶帖》《季常帖》《新岁展庆帖》，蔡襄《精茶帖》《天际乌云帖》，米芾《笤溪帖》，赵令畤《赐茶帖》；清代金农《玉川子嗜茶帖》等。

二、茶画

历代茶画也不少，著名的茶画如下。

唐代有周昉的《调琴啜茗图》、阎立本的《萧翼赚兰亭图》等。大画家阎立本的《萧翼赚兰亭图》是根据唐代何延之的《兰亭记》所作的，描绘唐太宗御史萧翼从王羲之第七代传人的弟子袁辩才的手中将"天下第一行书"《兰亭集序》骗取到手献给唐太宗的故事。画的是萧翼和袁辩才在喝茶，萧翼扬扬得意，老和尚辩才张口结舌，失神落魄，人物表情刻画入微。

元代赵元《陆羽品茶图》，赵孟頫《斗茶图》《茶榜》，倪云林《龙门茶屋图》，颜辉《煮茶图》，胡廷《松下烹茶图》，钱选《卢同煮茶图》《品茶图》等。

明代丁云鹏《玉川烹茶图》，唐寅《事茗图》《卢同煎煮茶》，文徵明《惠山茶会图》等。《惠山茶会图》描绘文徵明和几位诗友在有"天下第二泉"之称的无锡惠山泉品茗。二人在茶亭泉井边席地而坐，文徵明展卷颂诗，友人在聆听；古松下一茶童备茶，茶灶正煮井水，茶几上放着各种茶具。中国文人至爱的高山、流泉、古松、友谊，尽在以茶会友中。

清代胡锡圭《洗砚烹茶图卷》，高凤翰《天池试茶图》，高翔《煎茶图》，任熊《煮茗图》等。

三、茶雕刻

（一）摩崖石刻

直接刻于山体石壁上的文字，如福建省建瓯市东峰镇北苑凿字岩纪事石刻比较详细地记述了宋代贡茶之规模。

（二）碑刻

镌刻在经过加工的石碑上的文字。有的是在原石上直接刻文字，如河南洛阳济源石碑，上刻有"唐贤卢仝泉石"字样；也有以字帖为底本的翻刻，如宋代蔡襄的小楷《茶录》，明代徐渭的行书《煎茶七类》等。

（三）铭刻

刻铸在鼎盂、茶壶、瓷盘、扇骨等器物上的文字，最典型的是壶铭。好的作品，所撰大多为佳句，所书大多为名家。

（四）印章篆刻

刻在印章上的文字，内容有人名、地名、斋室名和诗文等，如长沙马王堆汉墓出土的白文滑石印"茶陵",汉印中的"张茶",吴昌硕的"茶禅""茶村"等字号印。

第四节　茶歌舞、茶剧和茶花灯

一、茶歌舞

关于茶的歌舞最早应起于劳动。其中有两部分:有的是以"采茶歌""采茶舞"为名的地方民歌。有的则只是借茶的名称,内容可能与茶叶没有什么关系,更多的是以茶歌形式进行的抒情活动,在云南、巴蜀、湘鄂一带少数民族中最为流行,诸如湘西未婚男女以"踏茶歌"的形式进行订婚仪式。但就其名称而言,其起源与当下茶事有关。还有的以茶为题材,歌唱地方的民情民风。

在江西、福建、浙江、湖北、四川等汉民族中也都有一些诸如"采茶调"的歌曲曲调。此外,还有称为"茶灯"(亦称采茶灯、茶歌、采茶、茶篮灯、壮采茶等)的一种民间舞蹈形式,流行于福建、广西、江西、安徽等地。舞者男的手持简单的道具,女的手提茶篮和扇子,边歌边舞,主要表现茶园的劳动生活。采茶戏直接由采茶歌和采茶舞脱胎发展而成,并结合民间茶灯戏、花鼓戏的一些风格,两者相互影响,不断发展。采茶戏变成戏曲,其曲牌就叫"采茶歌"。

茶歌是一种汉族民间歌舞体裁,是由茶叶生产、饮用这一主体文化派生出来的一种汉族茶文化现象。从现存的茶史资料来看,茶叶成为歌咏的内容,最早见于西晋孙楚的《出歌》,其称"姜桂茶荈出巴蜀",这里所说的"茶荈",就是指茶。

在中国有不少的以茶为主题或与茶相关的歌曲,如《采茶歌》《请茶歌》《茶山小调》等。从茶歌的历史上来看，茶歌大都是劳动人民创造的口头文艺形式，并以口头形式在民间流传，所以茶歌具有广泛的群众基础。

湄潭是闻名遐迩的茶乡，茶文化资源十分丰富，表现茶文化主题的歌曲也有很多，如《美丽湄江》《湄潭翠芽》《在水之湄》《梦湄江》《欢迎你到茶乡来》等。

二、茶戏剧

早在元代，茶事活动已出现在剧作家笔下，明代汤显祖的《牡丹亭》里就有春天采茶的场景许多古典戏曲中都描写了茶事。现代戏剧中最著名的是老舍1957年创作的话剧《茶馆》，这也是当代中国话剧舞台上优秀的剧目之一。剧本展现自清末至民国近50年间茶馆的变迁，不仅是旧社会的一个缩影，还重现了旧北京的茶馆习俗。

三、茶花灯

茶花灯是一种在民间灯彩歌舞上形成的剧种，也叫唱花灯、唱花鼓。茶花灯是一种舞蹈和演唱相结合的戏曲艺术，舞蹈演唱一般由5人组成，分迎龙头、提花灯、龙头凤尾中鲤鱼，动作与舞龙略同，有乐器和锣鼓伴奏。

茶花灯表演形式融说、唱、舞为一体，道具主要有花盆、花船、蚌壳和花牌等。玩灯时一般是花盆走前，表演人员随后，也有时群灯一起表演，伴奏上以笛子、二胡、大小锣鼓、小钹和镲为主。单个品种表演一般为5～6人。

茶花灯历史悠久，内容丰富、古朴，从中可以感受到古代社会的文明信息，其旋律清新质朴，唱词通俗悦耳，能充分活跃农村文化生活，增添节目喜庆气氛，陶冶村民的思想情操。

茶花灯游园深受群众欢迎，其简易性让男女老少都可参与，前面是龙头带队，后面是龙尾压阵，中间还有锣鼓队助兴。每年茶花灯一出场，远远望去就像一条美丽的巨龙到了人间。茶花灯游园活动，表达了劳动人民庆祝国泰民安的喜悦心情，祈求新的一年风调雨顺、五谷丰登、平安吉祥。

第五节　茶传说、茶典故

一、茶起源之"神农说"

唐代陆羽《茶经》："茶之为饮，发乎神农氏。"在中国的文化发展史上，往往把一切与农业、与植物相关的事物起源最终都归结于神农氏。而中国饮茶起源于神农的说法也因民间传说而衍生出不同的观点。有人认为茶是神农在野外以釜锅煮水时，刚好有几片叶子飘进锅中，煮好的水，其色微黄，喝入口中生津止渴、提神醒脑，以神农过去尝百草的经验，判断它是一种药而发现的，这是有关中国饮茶起源最普遍的说法。另一种说法则是从语音上加以附会，说是神农有个水晶肚子，由外观可得见食物在胃肠中蠕动的情形，当他尝茶时，发现茶在肚内到处流动，翻来覆去，把肠胃洗涤得干干净净，因此神农称这种植物为"查"，再转成"茶"字，因此而成为茶的起源。

二、名茶的美丽传说

（一）龙井茶

传说乾隆皇帝下江南时，来到杭州龙井狮峰山下，看乡女采茶，以示体察民情。这天，乾隆皇帝看见几个乡女正在 10 多棵绿茵茵的茶树前采茶，心中一乐，也学着采了起来。刚采了一把，忽然太监来报："太后有病，请皇上急速回京。"乾隆皇帝听说太后娘娘有病，随手将一把茶叶向袋内一放，日夜兼程赶回京城。其实太后只是因为山珍海味吃多了，一时肝火上升，双眼红肿，胃里不适，并没有大病。此时见皇儿来到，只觉一股清香传来，便问带来什么好东西。皇帝也觉得奇怪，哪来的清香呢？他随手一摸，啊，原来是杭州狮峰山的一把茶叶，几天过后已经干了，浓郁的香气就是它散出来的。太后想尝尝茶叶的味道，于是宫女将茶泡好，送到太后面前，果然清香扑鼻。太后喝了一口，双眼顿时舒适多了，喝完了茶，红肿消了，胃不胀了。太后高兴地说："杭州龙井的茶叶，真是灵丹妙药。"乾隆皇帝见太后这么高兴，立即传令下去，将杭州龙井狮峰山下胡公庙前那18棵茶树封为御茶，每年采摘新茶，专门进贡太后。至今，杭州龙井村胡公庙前还保存着这18棵御茶，到杭州的旅游者中有不少还专程去察访一番，拍照留念。

（二）黄山毛峰

黄山位于安徽省南部，是著名的游览胜地，而且群山之中所产名茶"黄山毛峰"，品质优异。讲起这种珍贵的茶叶，还有一段有趣的传说呢！

明朝天启年间，江南黟县新任县官熊开元带书童来黄山春游，迷了路，遇到一位腰挎竹篓的老和尚，便借宿于寺院中。长老泡茶敬客时，知县细看这茶叶色微黄，形似雀舌，身披白毫，开水冲泡下去，只见热气绕碗边转了一圈，转到碗中心就直线升腾，约有一尺高，然后在空中转了一圆圈，化成一朵白莲花。那白莲花又慢慢上升化成一团云雾，最后散成一缕缕热气飘荡开来，清香满室。知县问后方知此茶名叫黄山毛峰，临别时长老赠送此茶一包和黄山泉水一葫芦，并嘱一定要用此泉水冲泡才能出现白莲奇景。熊知县回县衙后正遇同窗旧友太平知县来访，便将冲泡黄山毛峰表演了一番。太平知县甚是惊喜，后来到京城禀奏皇上，想献仙茶邀功请赏。皇帝传令进宫表演，然而不见白莲奇景出现，皇上大怒，太平知县只得据实说道乃黟县知县熊开元所献。皇帝立即传令熊开元进宫受审，熊开元进宫后方知未用黄山泉水冲泡之故，讲明缘由后请求回黄山取水。熊知县来到黄山拜见长老，长老将山泉交付予他。在皇帝面前再次冲泡玉杯中的黄山毛峰，果然出现了白莲奇观，皇帝看得眉开眼笑，便对熊知县说道："朕念你献茶有功，升你为江南巡抚，三日后就上任去吧。"熊知县心中感慨万千，暗忖道"黄山名茶尚且品质清高，何况为人呢？"于是脱下官服玉带，来到黄山云谷寺出家做了和尚，法名正志。如今在苍松入云、修竹夹道的云谷寺下的路旁，有一檗庵大师墓塔遗址，相传就是正志和尚的坟墓。

（三）铁观音

铁观音原产福建安溪县西坪镇，已有 200 多年的历史，关于铁观音品种的由来，还流传着这样一个故事。相传清乾隆年间，安溪西坪上尧茶农魏饮制得一手好茶，他每日晨昏泡茶三杯供奉观音菩萨，十年从不间断，可见礼佛之诚。一夜，魏饮梦见在山崖上有一株透发兰花香味的茶树，正想采摘时，一阵狗吠把好梦惊醒。第二天竟然在崖石上发现了一株与梦中一模一样的茶树。于是采下一些芽叶，带回家中，精心制作。制成之后茶味甘醇鲜爽，精神为之一振。魏认为这是茶之王，就把这株茶挖回家进行种植。几年之后，茶树长得枝叶茂盛。因为此茶美如观音重如铁，又是观音托梦所获，就叫它"铁观音"。从此，铁观音名扬天下。铁观音是乌龙茶的极品，其品质特征是：茶条郑曲，肥壮圆结，沉重匀整，色泽砂绿，整体形状似蜻蜓头、螺旋体、青蛙腿。冲泡后汤色多黄浓艳似琥珀，有天然馥郁的兰花香，滋味醇厚甘鲜，回甘悠久，俗称有"音韵"。茶音高而持久，可谓"七泡有余香"。

（四）大红袍

传说古时，有一穷秀才上京赶考，路过福建武夷山时病倒在路上，幸被天心庙老方丈看见，泡了一碗茶给他喝，果然病就好了，后来秀才金榜题名，中了状元，还被招为东床驸马。一个春日，状元来到武夷山谢恩，在老方丈的陪同下，前呼后拥，到了九龙窠，但见峭壁上长着三株高大的茶树，枝叶繁茂，吐着一簇簇嫩芽，在阳光下闪着紫红色的光泽，煞是可爱。老方丈说，去年你犯鼓胀病，就是用这种茶叶泡茶治好的。很早以前，每逢春日茶树发芽时，就会鸣鼓召集群猴，穿上红衣裤，爬上绝壁采下茶叶，炒制后收藏，可以治百病。状元听了要求采制一盒进贡皇上。第二天，庙内烧香点烛、击鼓鸣钟，招来大小和尚，向九龙窠进发。众人来到茶树下焚香礼拜，齐声高喊：

"茶发芽!"然后采下芽叶,精工制作,装入锡盒。状元带茶进京后,正遇皇后肚疼鼓胀,卧床不起。状元立即献茶让皇后服下,果然茶到病除。皇上大喜,将一件大红袍交给状元,让他代表自己去武夷山封赏。一路上礼炮轰响,火烛通明,到了九龙窠,状元命一樵夫爬上半山腰,将皇上赐的大红袍披在茶树上,以示皇恩。说也奇怪,等掀开大红袍时,三株茶树的芽叶在阳光下闪出红光,众人说这是大红袍染红的。后来,人们就把这三株茶树叫作"大红袍"了。有人还在石壁上刻了"大红袍"三个大字。从此大红袍就成了年年岁岁的贡茶。

(五)银针名茶

湖南省洞庭湖的君山出产银针名茶,据说君山茶的第一颗种子还是4000多年前娥皇、女英播下的。后唐的第二个皇帝明宗李嗣源,第一回上朝的时候,侍臣为他捧杯沏茶,开水向杯里一倒,马上看到一团白雾腾空而起,慢慢地出现了一只白鹤。这只白鹤对明宗点了三下头,便朝蓝天翩翩飞去了。再往杯子里看,杯中的茶叶都齐刷刷地悬空竖了起来,就像一簇破土而出的春笋。过了一会儿,又慢慢下沉,就像是雪花坠落一般。明宗感到很奇怪,就问侍臣是什么原因。侍臣回答说:"这是君山的白鹤泉(柳毅井)水,泡黄翎毛(银针茶)缘故。"明宗心里十分高兴,立即下旨把君山银针定为"贡茶"。君山银针冲泡时,棵棵茶芽立悬于杯中,极为美观。

(六)白毫银针

福建省东北部的政和县盛产一种名茶,色白如银形如针,据说此茶有明目降火的奇效,可治"大火症",这种茶就叫"白毫银针"(十大名茶之一)。

传说很早以前,有一年,政和一带久旱不雨,瘟疫四起,在洞宫山上的一口龙井旁有几株仙草,草汁能治百病。很多勇敢的小伙子纷纷去寻找仙草,但都有去无回。有一户人家,家中有兄妹三人,名叫志刚、志诚和志玉,三人商定轮流去找仙草。这一天,大哥来到洞宫山下,这时路旁走出一位老爷爷告诉他仙草就在山上龙井旁,上山时只能向前不能回头,否则采不到仙草。志刚一口气爬到半山腰,只见满山乱石,阴森恐怖,忽听一声大喊"你敢往上闯!"志刚大惊,一回头,立刻变成了这乱石岗上的一块新石头。志诚接着去找仙草。在爬到半山腰时由于回头也变成了一块巨石。找仙草的重任落到了志玉的头上。她出发后,途中也遇见白发爷爷,同样告诉她千万不能回头等话,且送她一块烤糍粑,志玉谢后继续往前走,来到乱石岗,奇怪声音四起,她用糍粑塞住耳朵,坚决不回头,终于爬上山顶来到龙井旁,采下仙草上的芽叶,并用井水浇灌仙草,仙草开花结子,志玉采下种子,随即下山。回乡后将种子种满山坡。这种仙草便是茶树,这便是白毫银针名茶的来历。

(七)白牡丹

福建省福鼎市盛产白牡丹茶(十大名茶之一),传说在西汉时期,有位名叫毛义的太守,因看不惯贪官当道,于是弃官随母归隐深山老林。母子俩来到一座青山前,只觉得异香扑鼻,经探问一位老者得知香味来自莲花池畔的18棵白牡丹,母子俩见此处似仙境一般,便留了下来。一天,母亲因年老加之劳累,病倒了。毛义四处寻药。一天毛义梦见了白发银须的仙翁,仙翁告诉他"治你母亲的病须用鲤鱼配新茶,缺一不可。"毛义认为定是仙人的指点。这时正值寒冬季节,毛义到池塘里捅冰捉到了鲤鱼,但冬天到哪里去采新茶呢?正在为难之时,那18棵牡丹竟变成了十八棵仙茶树,树上长满了嫩绿的新芽叶。毛义立即采下晒干,白毛茸茸的茶叶竟像是朵朵白牡丹花。毛义立即用新茶煮鲤鱼给母亲吃,母亲的病果然好了。后来就把这一带产的名茶叫作"白牡丹茶"。

(八)茉莉花茶

很早以前北京茶商陈古秋同一位品茶大师研究北方人喜欢喝什么茶,陈古秋忽想起有位南方姑娘曾送给他一包茶叶未品尝过,便寻出请大师品尝。冲泡时,碗盖一打开,先是异香扑鼻,接着在冉冉升起的热气中,看见有一位美貌姑娘，两手捧着一束茉莉花，一会工夫又变成了一团热气。陈古秋不解就问大师，大师说："这茶乃茶中绝品'报恩茶'。"陈古秋想起三年前去南方购茶住客店遇见一位孤苦伶仃少女的经历，那少女诉说家中停放着父亲尸身，无钱殡葬，陈古秋深为同情，便取了一些银子给她。三年过去，今春又去南方时，客店老板转交给他这一小包茶叶，说是三年前那位少女交送的。当时未冲泡，谁料是珍品。"为什么她独独捧着茉莉花呢？"两人又重复冲泡了一遍，那手捧茉莉花的姑娘又再次出现。陈古秋一边品茶一边悟道："依我之见，这是茶仙提示，茉莉花可以入茶。"次年便将茉莉花加到茶中，从此便有了一种新茶类茉莉花茶（十大名茶之一）。

（九）碧螺春

相传很早以前，西洞庭山上住着一位名叫碧螺的姑娘，东洞庭山上住着一个名叫阿祥的小伙子。两人深深相爱着。有一年，太湖中出现一条凶恶残暴的恶龙，扬言要碧螺姑娘，阿祥决心与恶龙决一死战。一天晚上，阿祥操起渔叉，潜到西洞庭山同恶龙搏斗，一直斗了七天七夜，双方都筋疲力尽了，阿祥昏倒在血泊中。碧螺姑娘为了报答阿祥的救命之恩，亲自照料阿祥。可是阿祥的伤势一天天恶化。一天，姑娘找草药来到了阿祥与恶龙搏斗的地方，忽然看到一棵小茶树长得特别好，心想：这可是阿祥与恶龙搏斗的见证，应该把它培育好。至清明前后，小茶树长出了嫩绿的芽叶，碧螺采摘了一把嫩梢，回家泡给阿祥喝。说也奇怪，阿祥喝了这茶，病居然一天天好起来了。阿祥得救了，姑娘心上沉重的石头也落了地。就在两人陶醉在爱情的幸福之中时，碧螺的身体再也支撑不住，她倒在阿祥怀里，再也睁不开双眼了。阿祥悲痛欲绝，就把姑娘埋在洞庭山的茶树旁。从此，他努力培育茶树，采制名茶。"从来佳茗似佳人"，为了纪念碧螺姑娘，人们把这种名贵的茶叶取名为"碧螺春"。

三、茶典故常识

（一）孙皓赐茶代酒

据《三国志·吴志·韦曜传》载，吴国的第四代国君孙皓，嗜好饮酒，每次设宴来客至少饮酒七升。但是他对博学多闻而酒量不大的朝臣韦曜甚为器重，常常破例。每当韦曜难以下台时，他便"密赐茶荈以代酒"。

这是"以茶代酒"的最早记载。

（二）苦口师

苦口师是茶的别名。

晚唐著名诗人皮日休之子皮光业（字文通），自幼聪慧，10岁能作诗文，颇有家风。皮光业容仪俊秀，善谈论，气质倜傥，如神仙中人。吴越天福二年（937）拜丞相。

有一天，皮光业的表兄弟请他品赏新柑，并设宴款待。那天，朝廷显贵云集，筵席殊丰。皮光业一进门，对新鲜甘美的橙子视而不见，急呼要茶喝。于是，侍者只好捧上一大瓯茶汤，皮光业手持茶碗，即兴吟道："未见甘心氏，先迎苦口师。"

此后，茶就有了"苦口师"的雅号。

（三）陆纳杖侄

晋人陆纳，曾任吴兴太守，累迁尚书令，有"恪勤贞固，始终勿渝"的口碑，是一个以俭德著称的人。有一次，卫将军谢安要去拜访陆纳，陆纳的侄子陆俶对叔父招待之品仅仅为茶果而不满。陆俶便自作主张，暗暗备下丰盛的菜肴。待谢安来了，陆俶便献上了这桌丰筵。客人走后，陆纳愤责陆俶"汝既不能光益叔父奈何秽吾素业"，并打了侄子40大板，狠狠教训了一顿。（事见陆羽《茶经》转引晋《中兴书》）

第六节 茶小说、散文

一、茶小说

小说体裁出现于唐代而盛于明清，至近代更有长足的发展。其中有不少与茶叶有关的内容穿插于故事情节之中，贴近生活，非常通俗，以清代曹雪芹的《红楼梦》最为著名。此外，在清代蒲松龄的《聊斋志异》、李汝珍的《镜花缘》、吴敬梓的《儒林外史》和刘鹗的《老残游记》中，都不同程度地写到了评茶论茶、以茶待客、作茶祭祀、聘礼、赠友的情景。

当代王旭烽的《茶人三部曲》也是一部较有影响的作品，通过清末江南一位茶商世家的变化，反映了近代中国茶人的命运。

二、茶散文

唐代开始，茶的散文小品初现，有张又新的《煎茶水记》，王敷的《茶酒论》，柳宗元的《为武中丞谢赐新茶表》，刘禹锡的《代武中丞谢赐新茶表》，吕温的《三月三日花宴序》，皮日休的《茶中杂咏序》，苏东坡的《叶嘉传》，唐庚的《斗茶记》，杨维桢的《清苦先生传》《煮茶梦记》，张岱的《闽老子茶》《阳和泉》，张潮的《中冷泉记》；另有鲁迅和周作人的同名散文《喝茶》，以及体现浙江大学西迁时期的散文《浙大那壶湄江茶》等。

第四章　茶艺叙事

第一节　茶审美：理论基础

中国古典美学思想的中心问题是如何摆正美与善的关系问题，中国古典美学自诞生起就作为一种审人的美学而独具风格，即只有当审人的美学推广到社会生活的各个领域中时，才能进一步推广到自然本身上去，并将自然当作一种外加的审美形式和认识对象。因而，古代对自然物的审美是以人文的哲学思想为指导的，而茶美学的起源和发展虽具备了道德的关怀功能，但是对茶本身的自然属性却认识颇少，对于茶美学的运用也更多的是服从于审人哲学需要。这些客观原因的存在，使得中国历史上虽然有很多关于茶的文字，但是纯粹从科学的角度对茶进行研究的书籍却是远远少于茶文化艺术研究著作。屈指可数的有，第一部茶学专著《茶经》、北宋大科学家沈括的《梦溪笔谈》、明代李时珍的《本草纲目》等。这些著作从不同角度对茶的本质属性及药理作用等做了一些科学性的描述。明代中期一直到清代前期，中国茶叶科学技术的发展达到了历史的最高水平，也处于当时世界茶叶科学技术的最高水平。

从唐代陆羽的《茶经》问世到中国工程院院士、著名茶学家陈宗懋主编的《中国茶经》出版，1000多年的漫长岁月里，各个时代都出版了不少有关茶的经典著作。这些著作内容丰富，涵盖了科学、经济、哲学、文学等众多领域。中国真正意义上的茶科学，是在 20 世纪才建立起来的。中华人民共和国成立后，茶文化开始恢复和发展起来，尤其是改革开放以后，随着社会经济的腾飞，茶文化也空前繁荣，茶学的发展也进入了中国历史上最灿烂辉煌的时期。在这一时间段中，出版的茶书多种多样、内容丰富，涉及的领域包括教育、食品、医药、伦理、哲学等多方面，硕果累累。

中国当代茶文化兼具国际性、开放性、交融性，当代茶美学不再只是建立在群体意识之上的实用理论，而是具有立足于个体意识的科学精神，这种科学精神不是对中国传统茶美学的背叛，而是"凤凰涅槃，浴火重生"的必然所向。茶美学的成长、壮大需要漫长的过渡，甚至是巨痛的煎熬转变和脱胎换骨。这意味着传统茶文化与现代科技的冲突碰撞及比较融合问题将长期存在。如何能使中国当代茶美学的生存和发展持续良性循环，如何革新与传承茶美学的学科走向，这是当代茶文化学者在理论和实践上都必须面对、探索的问题。

茶美学的研究范畴应该是包括立足茶物性的自然美和立足人性的社会美的创造和赏析活动，如以茶为主的茶园生态系统的多样性培育与游览，以人为主的茶馆、茶楼、茶室中的琴棋书画诗等多种艺术形式与茶的融合与欣赏，由此全面剖析茶的致用、比德、畅神的功能，从而揭示茶美学的本质，茶审美的体验和茶艺术的赏析所蕴含的规律。品茶更深层次的作用是在于茶中一以贯之的审美灵魂。茶美感作为情感表达的一种方式，是具有一定的稳定性的。它不能被时空或人固定、僵化，也不会因时空或个人随意变动、消失，这正是中国茶文化、茶美学历经千年薪火相传、香飘世界的原因和秘密所在。

茶美学是美学研究家族中不可或缺的成员，茶美学研究的主要对象包括茶叶生长的自然环境、茶叶的形态、茶叶包装、茶叶质地、茶艺表演、茶叶鉴赏品评、茶文学艺术的体现等方方面面的美感。茶本质上是一种可以让人得到生理上的需要的，为全人类所接受、所普及的人类的绿色饮品，但升华到精神上来说，就仁者见仁，智者见智了。如果只是从茶的物质功效去研究它，茶并没有蕴含多大的魅力和魔力，与普通的日常饮品无异；只有在品味过程中把茶与现实生活的酸甜苦辣联系起来，并产生共鸣，由此感悟人生的真谛，才能真正领略茶的魅力。这就是茶美学研究的普遍意义和生命价值之所在。

第二节　茶精神：灵魂内涵

中国著名茶学泰斗庄晚芳先生提出了茶德精神，即"廉、美、和、敬"，其含义是要"廉俭育德、美真康乐、和诚处世、敬爱为人"。所谓的茶德，是指人在品茶过程中形成的道德和品行，以及追求真善美的道德风尚。对于茶人的道德要求即是通过茶和茶艺活动而达到的一种深层次、高品位的思想境界。现在茶业界有不少有识之士提出了"以茶代酒""以茶敬客""以茶会友""以茶养心"等高雅的茶事形式。就是要通过饮茶使人更宁静、更淡泊、更高雅，通过饮茶来陶冶人的情操、净化人的心灵，通过饮茶给人们带来乐趣，带来友谊，带来幸福。更为重要的是，让祖国的下一代在饮茶中耳濡目染，潜移默化地接受我国优秀传统文化的熏陶，成为传统文化的继承者和发扬者。茶圣陆羽在《茶经》中也说道，"茶之为用，味之寒，为饮最宜精行俭德之人"，早已将茶德归纳为饮茶人应当具备的俭朴美德，并不再单纯地把饮茶当作满足生理需要的行为，而是修身养性的高雅活动。唐末刘贞德也在《茶德》一文中解读了茶德的内容，"以茶表敬意""以茶利礼仁""以茶可雅志""以茶可行道"，让人对茶德的内涵有了进一步的理解，提升了饮茶的精神要求。

茶艺作为中华茶文化的艺术展现形式和主要文化内容，为源远流长的中国茶文化历史发展进程增添了亮丽的姿彩。茶艺是艺术的表现，茶道是精神的修为，艺与道作为两大核心内容丰富了中国茶文化的内涵世界。茶文化的精神也融入了人才教育培养中，将弘扬茶文化、传承茶精神作为茶艺之"魂"，以此来弘扬中华博大精深的茶文化，并以之为文学叙事追求的目标和宗旨。

每一种茶都融入在了生产地的风俗习惯及人文氛围中，并且在茶艺叙事的艺术作品中植入渗透。茶艺表演作品的主题与叙事的文化精神内涵相互结合、融会贯通，使人们在欣赏艺术作品和品茗饮茶的同时，也感悟了生活的真谛、人生的理想，并净化了精神世界，陶冶了情操。而茶精神是在茶文化的历史发展过程中通过长期积淀而形成的思想共识，虽然有旧时代的局限性，但也具备了新时代的成长性。因此，提炼茶精神要与当代价值观相融通，使之成为当代人民美好幸福生活的积极追求。

中国传统哲学中倡导的中庸之道，是修身养性之道，是为人处世的准则，是中国传统文化的道德范畴，也是中国茶道的精神内涵和修为境界。中国人历来以拥有中庸思想为美德，中庸的思想品德影响人们的为人处世，接人待物非常适中，恰到好处，不偏不倚，行为举止也中规中矩不越过底线，也不走极端，不急不躁恬淡而中和，使茶人显现出一种平和、儒雅、谦恭的形象。《礼记·中庸》云："喜怒哀乐之未发，谓之中；发而皆中节，谓之和。"这里的"中"是指心处于一种自然的状态，不冲动、不偏激。而"和"的意思是不偏不倚，有理有节。"和"是中国茶道思想的核心，涵盖了自然、社会、人类各个方面。人与自然、人与人及人自身、人与社会的和谐都在"和"的范畴中。"中也者，天下之大本也；和也者，天下之达道也。"我们追求的目标是人与人之间诚信友爱，人与自然和谐相处，人与社会融洽协调。无论是自然界还是人类社会，只有达到了中和的境界，才会天地有序，万物向荣，即使人生遇到了各种酸、甜、苦、辣，都能够以中庸之心平淡地应对。

中国茶艺审美意识和审美意识的审美特征是雅致的美。茶在大自然的怀抱中孕育，得天地之精华，禀山川之灵气，形成了其特有的平和与淡雅。所蕴含的特质，与中国人谦恭俭朴、温文尔雅、恬淡怡然的性情最为贴近。通过茶、茶的活动和茶道，人们可以陶冶思想，变得更优雅，心灵更清净。儒雅并非仅仅是茶艺活动和茶艺表演中展示出来的一种外在表象特征，而是茶人的素质修养及茶德精神。茶道中的"和"与儒家的"义"、茶道中的"敬"

与儒家的"礼"、茶道倡导的"真"与儒家的"信"，这些都是相通的。人们通过饮茶来修身养性，在茶中感悟人生哲理，不断追求茶艺审美中的真我境界，因此我们看到，茶艺审美在提高人的审美品位和情趣的同时，也净化了人的心灵，丰富了人的情感，而茶精神因其作用巨大而在茶艺叙事中影响深远。

第三节　茶历史：发展脉络

中国茶文化的历史十分久远，中国是世界上公认的最早种植茶和使用茶的国家。中华民族的祖先在古老的农业生产实践中，将茶树从野生变成了人工栽培，将茶的种类由一种发展繁殖为多种，将种茶的区域从最初的巴蜀扩展至江南地区直至全国其他地区，这些努力都为茶文化的产生和发展奠定了重要的物质基础。文化的产生必然有其存在的物质基础，茶文化亦如此，茶文化产生的首要物质基础就是茶。在茶文化发展的漫长历史岁月中，茶的功效随着人们的不断探索、发现而发生着巨大的改变，从最初的药用到食用，直至逐渐发现茶的醒酒解腻、提神醒脑的功能"开门七件事，柴米油盐酱醋茶"，逐渐地，茶发展成为人们日常生活中必不可少的饮品。

从先秦两汉直至今天，茶文化经历了从"萌芽"到"兴盛"，从"发展"到"复兴"。历朝历代的茶文化研究者们对茶文化的探索已经深入了茶事活动的各个领域当中，研究的方向也朝全方位多元化发展，涉及茶史研究、茶礼和茶俗、茶具和茶社、茶诗歌和茶文学等，可谓丰富多彩、百花齐放。遗憾的是，综观整个茶文化研究的领域，茶审美的专门研究并没有取得较为突出和卓越的成果。茶文化是一种特殊存在的美学文化，它有着非常深刻的精神内涵和丰富的审美内容。这是因为，每一种茶都有其发现、培育和形成的历史，有与其相关的历史人文故事。

中国茶文化是历史的产物，漫长璀璨的历史文明的发展又不断丰富了茶文化自身的内容。茶文化的历史是一个动态的发展过程，从古至今，无论是王侯将相、文人墨客还是三教九流、普通百姓，对他们而言，茶不仅仅是一种饮品，而且是在长期饮用过程中已经根植于日常的一种生活方式。随着生产力的发展和物质生活水平的不断提高，茶文化已经植入社会各个领域和人们生活的各个层面。虽然人们的饮茶方式和品位各不相同，但是对茶的推崇和需求却异曲同工。茶文化研究不再是简单的历史堆积，而是在吸收传统茶文化精华和前人研究的基础上的不断创新。

而茶艺叙事，就是要创新、发掘并弘扬茶文化精神，并全面、准确而翔实地叙述茶文化的历史。在叙述"茶历史"时，有两条线索：一是茶的发现、培育与制作过程，二是茶的冲泡方法和推广过程。以凤凰茶为例，它原本只是一种野生的山茶，传说中因南宋帝赵昺在逃难中饮用解渴而闻名，逐渐受到人们重视，因宋帝饮用而命名为"宋茶"，在明、清时发展成为全国名茶，如今"凤凰单枞"已经成为十大名茶之一。在茶艺表演的叙事中，可以通过文学叙事演绎的手法，展现凤凰茶从发现到成为名茶的历史过程，追叙民间传说的文化渊源，记录潮汕茶人的发明创新，并深入发掘凤凰茶制作工艺的进步历史，展示凤凰茶单株采摘的创新成果，还原潮州工夫茶的"功夫"。将这些与茶相关的历史内容巧妙地融入茶艺作品中，完整地表现茶的发展史，全面地表现茶的风格和精神。茶的历史在茶叙事中有重要的影响，我们在茶艺表演中植入文学叙事，在茶艺叙事过程中涵盖史学、文学、艺术知识，可以创作出主题明确、内容完整的茶艺表演艺术作品。

第四节　茶叙述：表现形式

叙述的视角，是在叙述的话语中对故事的情节内容进行审视和描述的特定角度，可分为：第一人称叙述、第三人称叙述和人称变换叙述三种类型。茶艺表演中的文学叙事，一般来说都是运用第一人称叙述，但在讲述历史故事典故时，也有少量运用第三人称叙述的。

以茶艺作品《古今寻茶》为例，表演者用了采茶女、寻茶人、茶艺人等"茶主人"身份，用第一人称来进行叙述，准确地表达了身临其境的感受和喜怒哀乐的心态，并增强了叙事艺术的真实性和艺术的表现力。为了达到淋漓酣畅、一气呵成、高潮澎湃的茶艺叙事效果，表演者要努力使自己尽快投入叙事情节中，消解历史事件的遥远性和陌生感，把握与角色身份之间的差异性和认同感，克服演出时的紧张情绪和分心等负面心理因素，将整个身心都沉浸到故事和角色之中去，这样才能达到叙事的效果和要求。例如，在表演中，三位茶主人分别穿越回到了唐、宋、明，运用配乐古诗文朗诵，把人们带回了天下忧乐、人世痴情的茶文化的繁盛岁月，还原了当时的冲泡技法，引出能令人惜时、乐生、钟情的普洱茶。然而这些只是故事的铺垫，叙事的重点环节还在于三位茶主人穿越时空，在今天将唐、宋、明三大盛世的茶文化重新演绎。表演者要坚定自己是特定历史时期的"茶主人"，不受他人的干扰，又不能忘却传承发扬博大深奥的茶精神的历史使命。只有这样，才能在前期叙事铺垫的基础上，着重于呈现冲泡技艺和品饮方法的环节，由此把普洱茶的历史积淀和文化内涵展现得淋漓尽致。

茶艺叙事的表现力如何更准确生动，要求叙述者要准确地把握情感，让故事的高潮情节水到渠成，同时也要高度注重语言的锤炼和表达。语言的锤炼，要求我们在艺术作品的语言上认真琢磨，反复推敲。语言的表达，需要通过大量的语言实践去形成丰富的语言经验。在茶艺表演的解说词的处理上，更要注意这个问题。茶艺表演是安静的艺术，通过冲泡技艺及肢体语言来表现主题内容和中心思想，在表演时不开口说话，表演前可以进行适当的讲解。一般来说，是在表演前简要地将节目的名称、表演者单位、姓名做一个简单介绍，节目的主题和艺术特色在表演过程中也可适当讲解。但是目前茶艺表演的解说存在的较为普遍的毛病就是说话太多，我们常常看到一些茶艺节目长篇大论、喋喋不休地从头讲到尾，解说者如同在进行演讲比赛，这样的叙事解说完全违背了茶道清静之美的原则。范例是：南昌女子职业学校茶艺表演团在表演《禅茶》节目时，只是在表演前做了简要的介绍，为了让观众能全神贯注地观赏节目，节目开始，音乐响起后就没有任何的只言片语，整个全场都沉浸在宁静中，"此时无声胜有声"，所有语言都已经涵盖在其中了。

茶艺表演中的文学叙事，主要通过解说者的口头语言表达出来。即便是写出了再好的文字，如果没有准确的理解和精确的表达也是白费功夫。要把语言训练好还要有重要的外在"功夫"，茶艺表演者对茶要有"真爱"。蔡荣章先生认为："茶叶冲泡的过程，本身也是一种个性发展的表演艺术。"如果，我们只是为了比赛、为了表演而去"比赛"或"表演"，只追求泡茶步骤的完整和成绩高低，又怎能进入"真正的茶境"，表达出"真正的性情"？文学叙事的语言只是模式化、固态、僵硬和直白地陈述，并不能将其中的意蕴表达出来。因此，茶艺师要学着做一个"爱茶人"，并且把茶的廉俭育德、美真康乐、和诚处世、敬爱他人的丰富内涵融于自己的生活中，融入洁器、暖杯、冲泡、奉茶和品饮的冲泡全过程中。文学叙事在茶艺表演作品中的科学处理和正确运用，需要表演者茶艺技能的提升和文化素养的丰富，这就要求教学者有效地落实到日常的教学和训练之中。教学中要增加茶文化内容的课程，丰富学生的文化素养，扩大学生的知识量，训练中要培养学生的领悟力和创造力。

有继承才能有创新，有创新才能有发展。中华茶文化源远流长，唐宋时期的茶文化已经非常繁荣丰富了，如今我们从当代人精神生活需求的审美层面，去探究中国古代传统审美与茶文化的接受、传播以及衍生形态之间千丝万缕的关联，首先应当梳理的是茶文化的精神内涵与中国传统文化的审美特征这两者之间的渊源。茶叙事就是对茶及相关的艺术活动进行叙述刻画，将茶及茶事活动中的生活"美"以诗化的形式呈现在人们面前。以茶艺叙事为切入点，在当代人以"诗意地栖居"为精神生活层面追求的前提下，推动茶文化的传承和发展，提升茶文化在当今社会及世界的影响力，使茶文化成为中华传统文化的代表，让更多的人热爱茶、热爱茶文化。

第五节　茶文化：底蕴积淀

　　历史悠久的中国茶文化，蕴含着中华民族传统文化的精华，是从古至今中华儿女智慧的结晶。中国茶文化反映了不同历史时期、不同社会阶层的人们的价值观念和审美取向，体现了特定历史背景下人们丰富的精神世界与审美追求，具有丰富的文化内涵与审美特质。社会在飞速发展，文明在不断提高，中国茶文化已经逐渐成为具有中华民族文明代表特质的审美文化。

　　中国茶文化的本质追求就是审美，是一种蕴含民族特性的审美文化。中国茶文化形成、演变、发展和成熟的过程，也是从古至今茶人不断发展审美的过程。中国茶文化在社会进步的历史过程中，不断丰富自身、充实内容，形成了独特的审美意蕴。中国茶文化的审美意蕴，反映了古代人们的审美意识由低级向高级的转变。而这种审美意识是一种模糊不清、若隐若现的认识，并没有得到系统和理论的表述，只是经过审美的实际举动体现出来了。茶是农作物的一种，在以农为本的中国，与其他农产品一样作为人们日常生活的所需，经历了从被发现到被使用的过程。随着历史的不断发展进步，茶逐渐普及到了社会的各个阶层，尤其是受到来自宫廷的肯定和文人的推崇，人们对茶也由初级的审美意识开始向高级的审美意识发生根本的转变。茶，作为具有特殊功能的饮品逐渐与人们的修身养性联系在一起，这使茶超越了它的自然功能，成为一种表达理想和情操的寄托。虽然至此还没有一套规范完整的理论来解释为什么会将茶与人的美好品格相关联，人们的审美意识为什么会与茶结缘，但是却反映出人们自觉地、有意识地在饮茶中进行着审美的实践。茶文化从中国传统美学思想的土壤中吸收营养，创造出自己的审美形态，在历史的演进中，始终倚靠着深厚的中国传统文化，它的审美意蕴也受到了中国传统美学思想的影响，融合了中国古代儒释道的美学思想精华，形成了以"中和之美"为代表的传统审美形态。

中国茶文化在经过历史的积淀后更加丰富，其中的核心是茶道和茶艺的精神，中国茶文化审美的主要表现是茶道之美和茶艺之美。

通过茶道、茶艺表演等艺术媒介，人们对茶文化的基本概念形成一个整体性认识后，首要的任务是研究茶文化中所体现的中国传统文化的精神内涵，以及茶文化的审美特征，从而达到圆融通畅的意境美。《乐记》中曾提到，"人生而静，天之性也，感于物而动，性之欲也"，说明了古人对于"静"这种审美状态的根本性地位的认可，体现在茶文化中，主要是在种茶、制茶、烹茶、品茶等方面呈现出来的宁静祥和的美感，有利于得到完美的审美感受。由此而领悟茶文化的魅力，清静幽雅的自然之美，正是历来茶文化所追求的审美目标。茶艺表演实质上是茶文化突破媒介的制约，在时间和空间上达到一个均衡比例的艺术表现形式。如今的茶艺表演，虽然已经脱离了原始的配乐喝茶的模式，但是却以文化为基石，融入了更丰富的艺术内容，为茶艺表演中的叙事增加了更加深厚的底蕴积淀。

茶文化是中国人文化生活中的有机组成部分，茶文化的影响力也日趋全球化。与现代化快节奏的都市生活不同的是，茶文化更加虚静怀柔，并能够包容不同种类的媒介方式，产生带有茶文化烙印的新的媒介。茶文化能够给人以沉静如水的安宁，也能给人以简约的温暖，让人们在社会工作的奔波忙碌之余，获得一方使心灵安静的休憩天地。现代人要"诗意地栖居"就要将茶文化贯穿于生活中，使生活充满文化气息。

第六节　茶回归：意义真谛

茶艺发展到今天，已经不再是简单的泡茶动作的展示，而是进步到了表演型的茶艺，这其中涵盖了舞蹈、戏剧、音乐、绘画等多种艺术形式而逐渐形成的综合型表演艺术。虽然茶艺表演以泡茶技艺为中心，却是具备众多的艺术形式且具有较强的表演性和观赏性的节目。作为艺术门类中的特殊成员，茶艺具有与众不同的特点，与其他的艺术形式相比，它是以泡茶技艺为中心来展示生活行为的，这是其他艺术形式没有的。

文学艺术作品是审美欣赏的对象，是为了满足人们的审美要求而创造出来的文化产品，不是为了满足人们的实用要求而创造出来的物质产品。而茶艺却不同，人们在欣赏茶艺师冲泡技艺的同时还可品尝到芳香可口的茶汤，在满足审美需求的同时，也享受了作为物质产品的茶汤。茶艺作为艺术形式的一种，与其他艺术形式是有共同之处的。例如，茶艺与戏曲的审美特征是有共同之处的：

首先，戏曲艺术表演由于戏剧舞台的限制，不可能将所有一切要表现的生活现象都搬到舞台上，只能通过换场景、艺术写意等办法来突出要表达的内容，同时省略掉一些不太重要的内容，而需要观众通过自己的想象去完善和丰富。而茶艺表演由于是以茶席为中心展现故事情节，并以冲泡动作为表演的主体，不能说话，也不能歌唱，只有简单的独白解说，观众的视听感觉及想象力是使节目充实丰富的主要形式。

其次，戏曲艺术是以剧本为文字基础，以演员为中心的表演艺术。而茶艺表演作品也是需要编写剧本，经过反复的练习、彩排，以表演者的冲泡动作及辅助表演来叙述故事情节和表达作品的主题思想。

最后，戏曲是综合性的舞台艺术。将文学、美术、音乐、舞蹈等各种艺术形式综合在一起，形成了以演员塑造的舞台形象为中心的声、光、形、色等有机统一的综合性舞台表演。表演型的茶艺同样已经脱离了单纯冲泡动作的最基础的阶段，需要将各种艺术手段结合起来丰富自身，并利用声、光、形、色等多种因素构建自己的舞台表演系统。在茶艺表演中融入舞蹈、音乐、灯光布景等艺术元素，塑造出完美优秀的茶艺表演作品，这种形式逐渐被茶艺界专家们所接受和推广，丰富、增强了茶艺表演的艺术欣赏性。但是戏曲中的大场面及演出的核心高潮——剧情的矛盾冲突，这个环节是茶艺表演无法模仿的。如果戏曲作品是一部长篇叙事诗，那茶艺表演因其节目的局限性无法表现复杂的情节和激烈的矛盾冲突，而只能是陈述叙事的优美、抒情的散文诗。

在研究茶艺表演的艺术性时，应该强调对表现艺术的最高形态——"艺术意境"的追求。中国的美学家通过研究发现：艺术中的"艺术意境"是通过呈现在面前的、直观的、有限的境象，来激活观众和接受者的艺术想象能力，去接纳或参与创造出作品未直接表现的、超越眼前的无限意象，使艺术作品产生一种深邃隽永的韵味美。钱钟书先生所说的，"诗之道情事，不贵详尽，皆须留有余地，耐人玩味……所写之景物而冥观未写之景物，据其所道之情事而默识未道之情事"，就是"艺术意境"要达到的境界。

艺术意境的审美特征如下：

其一，虚实相生的"象外"之"境"的美，意思是客观生活物象外的审美意象之美。

其二，"以景寓情"的"深邃情感"之美，是超出了一般感情的审美感情之美。审美感情要具真、深、美三个要求。意境不是纯粹的景物实体，感情是构成意境不可缺少的重要因素，要把真实的景物和真正的感情相互融合统一，才能有意境，其中的任何因素都不能缺少。真感情，就是审美的感情，这是一种超越世间物质的功利性，使人陶冶性情、净化心灵的感情。

其三，"意与境浑"的"深远无穷之味"的美。意境的突出特点，是具有一种"象外之象""景外之景""言外之味""味外之味""韵外之致""言有尽而意无穷"的只可意会不可言说的艺术境界。艺术意境中蕴含着深邃悠远的审美的韵味、意蕴、情趣的美。作为茶道艺术，品尝的最高境界就是对意境的追求，让人品尝到茶汤的"味外之味""韵外之致"，由此升华到形而上的品茗意境。

茶艺表演中强调清静之美，但并不是片面地强调唯清、唯静，而是要在清和静的基础上将其他美学特征吸收、融合在一起。因此在茶艺表演中，需要将茶叶、茶具、服饰、灯光、音乐、色彩、语言各个方面统一协调，要静中有动、动中有静，不能使表演陷于单调和死板，枯燥无味那就失去了艺术感。表演中，表演者的服饰、茶具的颜色及器型要与茶叶的种类协调。例如，茶艺表演《文士茶》冲泡的是江西婺源的绿茶，用的茶具是景德镇青花瓷盖碗杯，表演者的服饰是蛋青色镶有蓝边的青衫罗裙，显得清新脱俗，与茶具、茶席及节目文人雅士的品茗格调主题相吻合。《九曲红梅》表演冲泡的是杭州的红茶，茶艺师的服装选择了浅红色配有暗红花的旗袍，所有使用的茶具都选用与表演者的服饰及冲泡的茶品协调的红色瓷器，在茶席的红色花瓶上还插上一枝鲜艳的红梅，画龙点睛，点明主题，让人见到有种暖意融融的感觉。

茶艺表演都应该包含四个方面的内容：

第一，要具有哲学理念。茶艺虽然是艺术表演，但是也要有自己独特丰富的内涵。例如，白族三道茶中提出的"一苦二甜三回味"的道理，正是一种朴实的哲学理念。

第二，要具有礼仪规范。茶艺也是服务的艺术，具有规定程式的礼仪规范要求，适用于茶艺的礼仪规范包含在迎宾奉茶环节当中，也包含在冲泡品饮的整个过程中。

第三，要具有艺术表现。每一种茶艺都应该具备与其他茶艺相区别的，甚至是独一无二的艺术表现。这种艺术表现有的体现在冲泡技艺之中，也有的表现在冲泡的器具、茶叶和茶艺表演等其他方面。

第四，要具有技术要求。冲泡任何一种茶的茶艺都有自身的技术要求，即每一款茶如何达到最佳的冲泡效果、口感、观感。这里主要表现为茶汤汤色的明亮、茶具的清新、茶境的雅致，以及茶艺师冲泡时给人带来的舒畅愉快的心情。

如能达到上述的要求，茶艺表演将更加生动完美。

在艺术作品的叙事中，语言、形象、声音、建筑艺术都是叙述的媒介。茶艺也具有这些媒介：茶艺解说就是语言、茶艺表演者在舞台的展示是形象、茶艺表演冲泡过程中的背景音乐是声音、茶艺表演的茶席和空间环境是建筑艺术，这些媒介与其他方方面面的事项综合在一起，就构成了茶艺表演中完整的叙述媒介。值得重视的是，这些艺术媒介作为作品的主要载体，通过礼仪规范、技术要求，尤其是艺术表现，展示出不同茶艺的叙事情节和哲学理念，并构成了完整的茶艺叙事过程。

虽然茶艺叙事以肢体语言为主导，但其他因素也影响着茶艺叙事，由于茶艺的丰富性特点，茶艺叙事的复杂性较为突出。不同功能的茶艺运用的是不同的叙事方式，不同的茶艺在叙事中也有不同的要求原则。

生活型茶艺，强调既要有"生活的艺术"，又要"艺术地生活"，提倡生活本身的契合，要达到自然、自在、自如、自由的状态。这又有室内和室外、自饮和待客的区别。生活型茶艺，要根据实际情况如家庭经济条件、个人品饮嗜好及消费需求来定，不需要刻意安排。在待客时也需要做些准备工作，要按照来宾的身份、目的及兴趣来安排，突出温馨、亲和、默契的特色。生活型茶艺的主要步骤是：赏茶，备具，洁具，烧水，温壶，置茶，冲泡，分茶。茶的冲泡过程基本如此，但是具体到不同的茶叶和茶具，冲泡的方法、流程却各具特征、不尽相同，但冲泡动作其实是大体一致的。生活型茶艺看重的是实用性功能，因此适合的冲泡方法主要有提梁烧水壶持壶方法和紫砂壶持壶方法两种，这两种持法得体大方。

营业性茶艺，重点在服务和亲和力上。就算只用一种茶叶，也可以展现各种各样不同的肢体语言，乌龙茶的冲泡方法就是典型例子。潮汕功夫茶泡法、福建功夫茶泡法等，由于叙事方式不同，形成了不同的茶艺流派。在营业性茶艺中，不仅要展示不同的茶艺冲泡法使其具有艺术性，还要在服务上做到让人宾至如归的感觉。

表演型茶艺，是要体现中国茶艺共性和个性的和谐统一、完美协调。表演型茶艺的叙事是由哲学理念、礼仪规范、艺术表现、技术要求综合统一、融为一体的。茶艺表演的整个过程，体现了茶艺叙事的关键。虽然茶艺表演有规范的具体要求，但是表演不能僵化，要充满生活的气息和生命的活力。在表演中要做到自然生动、内涵丰富、不拘一格，才能达到茶艺叙事要求的高度和深度。另外在表演时还要注重作品的意境氛围，不能一味地模仿和照搬，动作的一招一式都学别人的，却不融入自己的理解和思想，就会导致表演生硬、做作、呆板，这是不可取的。只有茶艺表演时形式丰富，才能将儒雅含蓄与热情奔放、空灵玄妙与禅机逼人、缤纷错彩与清丽脱俗等各种风格的美都包容在表演中。表演型茶艺也要细分种类。

规范型茶艺表演，是完全按照动作要求来操作的。在茶艺师考试考核中，就不能自行其是；不按照规定要求来进行展示，这样考试就不能通过。技艺型茶艺表演，看重的却是技术的难度，是冲泡过程的繁难，以此来突出其技艺的观赏性。而至于艺术型茶艺表演，强调的是要有创新、创意、创作、创造的精神。

在艺术型茶艺表演的编创中：首先应该明确的是这个作品独特的内涵，如果作品表现的是古代茶艺，就要尽量与历史的文化和风貌贴切。其次，对迎宾奉茶和冲泡过程中所展示的礼仪规范要有具体规定。最后，要将自身独特的甚至是唯一的艺术内涵准确表达，并且要把这种艺术表现贯穿在整个冲泡过程中，更表现在器具、茶叶和其他相关物品的配置上。俗话说，细节决定成败。茶艺审美要特别关注细节，雅俗、高低的区别往往在于细节。如在表演场所的选择上，大小、长宽、室内还是室外，这些要求要看是具体表演哪种茶艺、观看的人有多少、举办茶艺表演的目的是什么。如果是在室内表演，那么茶室环境氛围的营造就非常重要了，要求表演者的位置、来宾的座席都要与所表演的茶艺风格一致。舞台的背景，甚至入口与出口都要合理安排。茶艺表演台的布置，更要求精心、精细、精彩、精妙，并做到既实用、简单，洁净、优美，又大气、大方，协调、便利，以方便冲泡动作的展示。表演台上的茶具，一定要符合茶艺表演类型的要求，茶具要简净、方便使用，摆放的位置应主次有别、高低错落、美观和谐。除此之外，茶艺表演的背景音乐、茶席布置的色彩选择，都影响着整体的美感。如何布置表演台，需要审美的眼光、智慧和艺术美感，需要在实践中不断摸索、完善、提高。茶艺表演的整个过程，也是茶艺美学的外化过程，但美学体现最关键的还是人，是由人来实现的。因此对茶艺师来说，要具有高尚健全的人格，要成为爱茶、懂茶，会欣赏茶、享受茶的人。我们常说茶人要有一颗"茶心"——浸透着良心、善心、爱心、美心。中国儒家代表孔子说："志于道，据于德，依于仁，游于艺。"而孟子云："吾善养吾浩然之气。"宋代大儒程颐说："和顺积于中，英华发于外也。"这些哲学思想都影响渗透于茶心之中，成为茶审美的要求。

茶是洗涤人心的"灵魂之饮"，而"茶心"就是茶艺表演者的灵魂。茶艺师在表演时，要入静、入定、入禅、入境，做到"道法自然，崇尚简净"。"道法自然"，是要与自然相一致、互相契合，达到物我两忘、发自心性的状态。"崇尚简净"，是以简为德、心静如水、返璞归真，只有从根本的思想上解决了表演者的观念问题，才能使其在表演中服饰得体、表情到位、行云流水、韵味无穷。

在茶艺叙事中，有单一的用茶艺叙事的，也有把茶艺叙事和文字叙事结合起来的，更有甚者把茶艺叙事、文字叙事和图画叙事融合在一起。源远流长的茶艺，以多种多样的方式进行叙事，对中国的政治、经济、哲学、文艺等各方面都产生了影响，在茶艺叙事中也体现了中国人的个性、思想、感情、行为等多方面的素质，对各个不同阶层的人士具有影响和制约作用。

对茶艺叙事的探讨，进一步拓展了叙事学的研究视野，还使我们更深入地思考叙事学的相关理论问题。例如，叙事学把叙事分成了时间叙事和空间叙事，而茶艺叙事却把时间叙事和空间叙事紧密联系在一起，两者很难分开。茶艺叙事中的时间，包括茶艺期望展示的某一段时间和茶艺展示过程中的时间。在分类上，前者是属于历史叙事，后者是属于现实叙事。茶艺叙事中也存在着空间叙事，但是茶艺叙事的特定空间是茶艺场所。茶艺叙事最特别的地方，就是时间与空间是不可分割的。离开了特定的时间，空间就无法定位，而离开了特定的空间，时间就没有依存之处。正因为如此，茶艺叙事一直注重按照时间叙事的要求来设定符合的空间。

茶艺叙事的意义，还在于由原来的人为主体的叙事，进而演变为人与物统一的整体的叙事。这就特别要求茶艺师要有"整洁的仪容仪表、端庄的仪态"，茶艺师在茶艺叙事中承担着叙事人的角色，对他们来说，整洁的仪容仪表、端庄的仪态不仅代表了个人修养，也是工作服务态度和服务质量的重要表现，以及职业道德规范的内容和要求。"从泡茶上升到茶艺，泡茶的人与泡茶过程及所冲泡的茶叶已经融为一体了。"意思是一个人由原来的利用语言进行叙事，发展到用身体的头、身、手、脚各部分叙事，进而整个的精、气、神都参与了叙事。

叙事的方式总的来说可以归纳为文字叙事、语言叙事。在研究茶艺叙事时，我们还发现了常规叙事之外的第三种叙事，就是肢体叙事。茶艺叙事的价值和意义，在于打破了叙事学原有的研究范畴，开拓了一方新的天地。在研究茶艺叙事时，虽然也强调它是属于肢体叙事的，但肢体叙事却不是茶艺叙事的"专利"。仔细看来，一切艺术形式中都包含了肢体叙事，只是它在有的艺术形式中是主体而在有的艺术形式中却处于从属地位。在社会逐渐走向现代化的今天，当我们审视茶艺叙事时，我们发现人们普遍存在一种"回归心理"。这也是物质越来越丰富的今天，人们却格外怀念生产力并不发达的古代的生活方式的原因。

　　茶艺叙事，作为语言叙事与文字叙事之外存在的另一种叙事方式，或许是人类从本能回归到心灵回归的一种心路历程。但是正如我们所看到的，这种本真的回归并非是将原有状态还原重现，而是升华为更高级状态的，更具有艺术性和吸引力，甚至带着震撼心灵的回归。

第五章　茶之审美

茶艺审美具有其独特的魅力，通过审美活动能够促进人们完善自身的人格修养，丰富自己的人生感悟，提升自己的人生境界，培养自己对于品茶中事物美感的欣赏能力和兴趣，从而努力追求一种更有意义、更有情趣、更高尚的人生，在欣赏美、收获美的同时也获得一种人生的智慧。

第一节　茶艺审美的原理

茶艺审美是一个新的研究领域，茶艺审美的特征是仪式化的规范升华为人们内心的自觉需求。茶艺之美是西方美学与中国传统文化美学相结合的产物，它给人们呈现出的是以茶汤和冲泡技艺为审美对象的意境美，并涵盖了仪式感、朴实、典雅、清趣及人情化等审美的范围。中国美学观长久以来一直认为要从个体与社会、人与环境的相互和谐统一中去发现美、寻找美，并认为审美和艺术的最大价值就在于，它们能从思想、精神上促进这种和谐统一的完美实现，从而把具有深刻哲理性的道德精神之美提升到首要位置，并不断地通过形象丰富的直观方式和情感语言来进行表达。

中国美学思想中，主体与客体之间是相互沟通、互相依托的，充盈、丰沛的生命感贯穿其中，而"立象尽意"和"气象万千"的命题是中国美学长久以来崇尚、倡导的最高审美境界。以客观物象作为审美对象时，很少把景物作为纯客观的对象来看待，而是将其看作被赋予了生命力的对象化存在。因此，"立象尽意"和"气象万千"的审美观，给客观物象赋予了生命，生命的自由气息在客观物象中徜徉，形成了审美对象既在客观意境中，又存在于万千世界中的美学意境。

美是自由存在的。哲学意义上的美具有三层意思：

其一，美具有客观性。西方美学理论中所探讨的美的客观属性、客观精神及非概念普遍性，包括中国传统美学的论调，几乎都强调美是事物本身的属性，有其不以人的意志为转移的规律性，它是客观存在于社会与自然之中的。

其二，美是具有生命力的，它是人类和自然界美好意志的自由表达。美对人类来说是审美意识，对自然界来说是认识范畴。我们用真、善、美来认识并建构一个科学的客观世界，建构一个道德规范的人类社会。西方的哲学家如黑格尔、席勒、康德等巨匠的美学理论，以及中国的"天人合一""神思妙悟"等美学精神，都努力用审美的思想来塑造真与善的精神家园，用美的指导思想来赋予和完善人们认知领域的活泼生命。由此可见，美是在自然界和人类追求的社会中无拘无束地存在的。

其三，美是人类追求自由的必然途径。在无功利境界中，美给人以安慰、欢乐，更给人以生命的信心。审美与人生追求的终极目的是合一相同的，审美是人性回归、追求自由的必然通道。

"天人合一"是中国古代哲学思想中的核心命题，是中国古代哲学家们孜孜以求想要达到的最高理想境界。在这种哲学思想影响下，中国美学理论产生的突出代表是魏晋南北朝时期追寻的人与自然合一、宋代的自然内化于人之后驰骋自由世界的审美趣味，两者为"天人合一"美学思想的典范，并由此导出了茶艺美学文化立足的根基。

第二节　茶艺审美的对象

我们所感知到的世界，最终是一个有形的世界。因此，对美的事物来说，外在、直观、真实的状态是不可缺少的。在茶艺审美的活动中，茶的美也不是虚无缥缈的，人们通过对茶的色、香、味、形等直观的外在形态去认识、发现、感受茶之美。正因为有了绚烂的色泽、芬芳的气息、多变的形态，茶之美才变得如此的具体、生动、形象、感人；在这些基础上再通过品饮，把茶与意境结合在一起，对茶之美的认识经历从直观的外在形态审美到内在精神的抽象审美的历程，并最终升华成为高雅、脱俗的审美意象。在此，我们通过审美的全方位角度，对茶之"美"的刻画进行深入研究，详细而客观地探寻茶的色、香、味、形之美。

（一）形色之美

在茶文化繁盛的唐宋时期，人们就已经注意到茶叶的形态、色泽、嫩度与茶叶的品质有着密不可分的联系。陆羽《茶经》中对茶品质的区分就有"紫者上、绿者次，笋者上、芽者次，叶卷上、叶舒次"的描述。茶的芽叶的形状，有的卷曲，有的舒展，有的细小，有的肥壮。茶的色泽有紫、绿、黄、白等多种。情感丰富的唐宋品茶诗人们，用优美的诗句"泉嫩黄金涌，牙香紫璧裁""合座半瓯轻泛绿，开缄数片浅含黄"等将茶形态多姿、色彩缤纷的美形象地呈现出来。

宋代诗人文同用"苍条寻暗粒，紫萼落轻鳞"的诗句，将自己因珍爱色泽呈紫、细小如"粒"的茶芽而产生的喜悦之情、因茶的柔美而涌出的缠绵之意，都淋漓尽致地刻画出来。

唐代的茶中"亚圣"卢仝的《走笔谢孟谏议寄新茶》中的"仁风暗结珠蓓蕾"一句，不仅将自己对茶芽无比珍视的心情表露无遗，还形象生动地描述了含苞未吐的细嫩茶芽的娇美姿态，令人对茶芽的喜爱之情油然而生。不仅是细嫩的茶芽得到诗人的喜爱，肥壮的茶芽在唐宋诗词中也多有描绘。唐宋诗词中喜用"笋""云肤"等词来描述较肥壮的茶芽。"笋"一般是对芽叶长、芽头肥壮的茶芽的形象比喻，而"肤"是肥沃、肥美的意思，常以此来对壮实、油润的茶芽进行描述。

唐代白居易的《题周皓大夫新亭子二十二韵》中有"茶香飘紫笋，脍缕落红鳞"。宋代黄庭坚《双井茶送子瞻》中描写其家乡江西修水名茶双井绿："我家江南摘云肤，落硙霏霏雪不如。"陆龟蒙《茶笋》中的"轻烟渐结华，嫩蕊初成管。寻来青霭曙，欲去红云暖"则描绘了阳光、云雾给茶芽赋予了灵气和生命，并使人感知一种阴阳融合的美，一种由蓬勃向上的生命力带来的丰盈充实之美。这些诗句都对茶的外在形态美进行了生动的描绘，不吝赞美之词。

唐宋时的茶叶制作以蒸青团茶为主。外形有圆、方及花朵形并压制成饼状，在评判此类茶的外形时，主要以匀整度和色泽优劣来进行比较。在唐诗宋词中，团饼茶被浪漫的诗人们形象地比喻为"硅璧""圆月""黑玉饼"等。"璧"是指平而圆、中心有孔的玉，似唐宋时期制作的中心有孔的圆饼茶。唐代诗人李群玉的《龙山人惠石廪方及团茶》中以"硅璧相压叠，积芳莫能加"来形容团饼茶。宋代王禹偁在《龙凤茶》"香于九畹芳兰气，圆如三秋皓月轮"一句中就用"皓月轮"形象地描述饼茶的形状与光润。如今虽已过去数百年时光，但读者仍然能从诗中感受到作者欣赏茶的外形时油然而生的珍惜喜爱之情，也从诗中领略到了饼茶外形之美。

形色之美的根源在人类社会实践对自然形状结构的把握中，令形色与主体结构相互适应，由此产生审美的愉悦。我们在品读唐宋描写茶的诗词时，感受到了诗人对茶的形状颜色的审美品位，诗文对茶的形象刻画，使人对茶的美产生了无尽的遐想。

（二）茶香之美

茶的香有真香和混合香两种。真香是茶与生俱来的、自带的香味，混合香是有外来香味加入茶中与茶的真香混合而形成的独特香味。不同的茶香各有特点:有的甜润馥郁,有的清幽淡雅,有的鲜灵沁心。正是茶香的捉摸不定、变幻莫测之美,使茶具有了更加迷人的魅力。历代的文人墨客都争相赞颂茶香之美。

兰花香以清幽深远而被称为"王者之香",唐宋的文人雅士都特别喜欢兰花香,并常以此来比喻茶香。清幽的香味若有若无,却让人神清气爽、心旷神怡的芳香。茶香的清幽之美,在唐宋诗人的笔下被描绘成完美的意象,茶香中蕴含着云淡风轻的高贵,如同高人雅士的旷达胸襟,其心神的清爽豁达,让人敬仰,其宁静的美,让人神往。

唐代诗人李德裕的诗句"松花飘鼎泛,兰气入瓯轻"描写了似兰的茶香。诗中用"轻"字,形象地刻画了如兰花般的、极为清幽的茶香在茶的烹煮冲泡过程中逐渐散发出来的气味。

宋代的王禹偁曾赞叹龙凤团茶"香于九畹芳兰气",称赞茶香清幽似兰花芬芳,没有浓烈香味,却淡淡飘散,数里之外皆有清香,令人心神顿开。文学大家范仲淹也有诗云"斗茶味兮轻醍醐,斗茶香兮薄兰芷",夸赞了茶的滋味有醍醐灌顶般的清爽效果,茶的芳香如兰花香却更胜于兰的美妙感觉。宋代石待举的《谢梵才惠茶》中说"色斗琼瑶因地胜,香殊兰芝得天真",描述了茶的色泽胜过美玉,赞赏了茶的清香如同空谷幽兰。还有宋代袁枢的《茶灶》有"清风已生腋,芳味犹在舌",形象地描写了品茶后茶香依然留在齿颊之间久久不散的感受,令人仿佛透过诗句闻到了持久不散的茶香。宋代刘过的词《临江仙·茶词》写道,"饮罢清风生两腋,余香齿颊犹存",意思是说饮茶如同让人登临仙境,茶之芬芳让人满嘴生香,且余香持久不散。而宋代的诗人晁补之巧妙地运用夸张的手法,将茶香的悠长持久用"未须乘此蓬莱去,明日论诗齿颊香"的诗句描述出来,刻画了品茶之后,齿颊间香韵绵长、久留不散的非凡感觉，茶的清香也让人体会到了飘然欲仙的美妙境界。最值得一提的是宋代茶家蔡襄在《和诗送茶寄孙之翰》中写道："衰病万缘皆绝虑，甘香一味未忘情。"他通过诗句感慨自己年老体衰，万事都已逐渐忘却，而唯有茶的芳香难以忘怀。

明代朱熹在《茶灶》中写道："饮罢方舟去，茶烟袅细香。"饮茶后，渡船离去，缕缕芬芳的茶香随风袅袅而行，在似有若无的香气中，人的心境达到了忘我的境界，人与茶香已经融为一体，淡淡的茶香牵引着自由徜徉的思绪，升华到了心神合一的美妙世界。茶香的奇妙，可以使人心境无尘，心灵通透，心中散发着风轻云淡的清香余韵，这是人生最高雅、最美妙的享受。

看不见、摸不着的茶香令人忘忧、使人神清，茶香之美在诗人的描绘下变得形象生动，清幽如兰的茶香，品后让人超然脱俗。香气带来的美感和给人带来的舒畅愉悦感，还逐步升华为精神心灵上的美感。唐宋时期的茶人们认为，茶香的真味最美，真是本身所具有、与生俱来的天然味道，不掺杂任何其他人为的香味。在诗人笔下，茶香之美清幽、悠远、脱俗、纯真，由此而形成了一个个无比灵动的审美意象。

（三）茶味之美

茶的最终功用是饮用，因此，滋味的品鉴是整个饮茶活动中最重要的审美内容。在一杯清澈的茶汤中，人们不仅能品尝出茶的苦、涩、甘滑、醇厚的滋味所带来的舒适、清爽及愉悦的感觉，更能品出茶中蕴含的"味外之味"，也就是通过喝茶来感悟生命的真谛，从茶中感受到心旷神怡、襟怀通达的审美境界。茶味之美崇尚的是"清"。清是中国古代美学中很重要的范畴，其意蕴十分广泛。茶味的清，表现为茶汤的淡，但是这种淡，不是寡淡无味，而是轻淡，在似有若无之间其味觉是丰富的，味感是微妙的。

唐宋的文人墨客有许多描写茶味清香的诗词佳句。

宋代吕陶在《和毅甫惠茶相别》中写道，"有味皆清真，无瑕可指摘"，叙述了茶味之清真。晁冲之的《简江子求茶》有"北窗无风睡不解，齿颊苦涩思清凉"，表达了诗人因茶味的纯真、清凉油然而生的喜爱和留恋之情。茶味以其清凉的特性，成了唐宋文人用以清神、清心的必备饮品。唐代的李德裕用茶清"诗思"，还发出了"六腑睡神去，数朝诗思清"的感叹。秦韬玉以"洗我睡中幽思清，鬼神应愁歌欲成"的诗句，感慨了茶的清味能让人心境澄清无染，进而达到高洁自身品格的人生体验。唐代宰相、书法家颜真卿云"流华净肌骨，疏瀹涤心源"，已将茶当成了涤除烦恼、品格高尚的挚友。唐末著名大诗人杨万里用"故人气味茶样清"的名句将茶刻画成"清美"的君子形象。以上的众多名诗佳句，都将唐宋文人对茶之美的推崇描绘得淋漓尽致。

除了对茶味之清的描写，对茶味的甘甜、醇爽、鲜美之味都有笔墨留存世间。梅尧臣在《得雷太简自制蒙顶茶》中用"汤嫩乳花浮，香新舌甘永"的诗句来赞美茶味的甘甜。一杯香茗，初饮时茶味微苦，细品后生津回甘，从喉间涌上的缕缕花果的香甜停留在齿间，让人久久不能忘怀。在唐宋诗人的笔下，有许多对茶的苦后回甘之味的描述，诗人们将此味比作"甘露"和"琼浆"，茶味之美胜过了甘醇的"流霞"——柳宗元的《巽上人以竹闲自采新茶见赠酬之以诗》有"犹同甘露饮""呻此蓬瀛侣，无乃贵流霞"的诗句。诗僧皎然《饮茶歌消崔石使君》也用"何似诸仙琼蕊浆"形容茶味之美胜过诸仙的琼浆玉液。好茶的滋味醇爽，入口润滑不紧涩，饮过之后提神醒脑、齿颊留香。唐宋诗人将令人通体舒泰的茶味之美称为"爽"。陆游有诗《北岩采新茶》云："细啜襟灵爽，微吟齿颊香。"香茗一盏蕴含甘与苦，人生的百味都在其中。饮茶让人口舌生津，神清气爽，苦后的回甘之味更加令人神思悠远，对人生的感悟不过如此。唐宋诗人们亦在此中品出了茶的"味外之味"。欧阳修用"吾年向老世味薄，所好未衰惟饮茶"的诗句，表达了在茶中品出了人情如纸、世态炎凉的苦涩味。文彦博的"蒙顶露芽春味美，湖头月馆夜吟清"在茶中品出了春风得意之味。苏东坡的"森然可爱不可慢，骨清肉腻和且正"从茶中品出了豪气千丈、襟怀坦荡的君子味。刘禹锡的"僧言灵味宜幽寂，采采翘英为嘉客"在茶中品出了淡泊明志的清灵之味。诗人们以诗抒发对茶味之美的赞叹和感悟，并根据各自的社会地位、文化底蕴、品茶环境及心情的差异，分别从茶中品出了属于自己的不同"滋味"。茶味亦如人生之味，我们从一杯茶中，品尝到的是茶味之美，也感悟到了人生的真味。

茶的姿态、形色、清香、醇味给人带来了视觉、嗅觉、味觉上美的享受。一杯形美味甘的茶，就像一幅立体的画卷、一首无声的诗歌，令人赞叹感怀。人在品赏茶味时，对茶之美有了更深入的感悟。品茶之余，神清目明，冷静地洞悉人生的真谛。在文人雅士的诗中，茶已化成一个个清灵、幽香、脱俗的审美意象，展示于世人的精神世界中。而在茶中所包含的含蓄、隽永及兴味悠然，无不体现了唐宋时期文人雅士们高洁、清淡的人生追求和审美品位。

（四）茶境之美

在茶的审美过程中，我们可以通过感官体会到茶的形、色、味、香，同时通过"物我观照""净静虚明""妙悟自然"的精神体会，最终达到审美的最高境界。美学大师宗白华认为，中国艺术意境之美是"艺术家以心灵映射万象，代山川而立言"的，所表现的是主观的生命情调与客观的自然景象交融互渗，进而成为一个莺飞鱼跃、活泼玲珑的灵境，此灵境就是构成艺术的"意境"。意境是只可意会不可言传的，是极其复杂而又微妙的心理活动，人对茶的审美由浅入深，是逐步从感受、体验到把握内在精神的过程，过程中要经历不同的层次，直至最终升华。唐宋诗词中表现出的茶艺审美境界分为三个层次：一是"有我有茶"，是指寄情于茶；二是"茶我同一"，是人与茶融为一体；三是"无我无茶"，也就是"天人合一""万物与我同一"，在此层境界中，人与茶都已不再是以单纯独立的个体存在，所有的一切都已融入了天地之间。

1. 有我有茶

有我有茶，是茶人在茶中品味人生、观照人生，使茶成为寄托情意和思想感情的载体。

王国维说，"有我之境，以我观物，故物皆着我之色彩"。品茶者从赏心赏茶之角度出发，游心于茶味之中，将有我有茶的境界反映出来，寄托了品茶者的情感，作者从茶中感悟到世事的沧桑变幻，从茶中体会了人间的真善与情感，并由此使审美主体的情感与茶相融的"和"达到了审美的最高意境。

宋代词人秦观在《茶》中对此意境有这样的描述："茶实嘉木英，其香乃天育……愿君斥异类，使我全芬馥。"秦观生活的宋代茶风盛行，品茗会友是当时文人之间的常事，作者借助日常生活中最平凡的题材，以茶喻人、喻事。他首先高度赞扬了茶的"芳"香不逊于"杜衡"，茶的"清"可与"椒菊"相媲美，以美好的"杜衡"和高洁的"椒菊"来衬托出茶之美，但是他对在茶中添加香料却极力反对，认为为了保持茶的纯度和洁净，不能在茶中加入"异类"，这是对茶内在精神"清"的准确把握。作者以茶寓情，把自己的志向寓于品茗之中，认为在红尘纷杂中，唯有不与俗世为伍，不与"异类"同流合污，才能实现自身的高洁之志，达到"有我有茶"的境界。

苏轼《和蒋夔寄茶》中也有对"无我无茶"境界的描写，诗中表达了作者"随缘自适"的人生态度。另一首诗《泗州僧伽寺塔》，描写苏轼颠簸辗转，在仕途失意、生活艰苦的境况下，好友寄来了极为珍贵的茶，诗人感慨万千，由此引发了对自己坎坷人生的感慨，看透了生死祸福，感叹人生应随遇而安，没有必要在意生活的富庶和困苦，诗人襟怀豁达，并"无心"于仕途的得失、生活的贫富。在茶中，诗人的心灵已从尘俗的困扰中超脱出来。他的《试院煎茶》中还有着更为深刻的内心独白："不用撑肠拄腹文字五千卷，但愿一瓯常及睡足日高时。"面对泡茶的银瓶，诗人发出了"未识古人煎水意"的感慨，而"我今贫病常苦饥"，则深刻地意会到自己人生的孤独、失意。但是苏轼并没有因此沉沦颓废下去，反而以更高远的心境体察人生之荣华与落寞。茶在这里不仅是实指，更是贯穿在诗人的精神中，使他与不同历史洪流中的人物神交会意，从此在寂寞无人时不再感到形单影只。茶香还驱散了诗人孤身在外无可言状的痛苦和孤独，他在茶中体悟到世态炎凉和人间温情，认为人要在"净静虚明"的状态下达到超脱的境界。

　　沈德潜的《说诗碎语》说，"诗贵寄意，有言在此而意在彼者"。他认为茶道与"物之理无穷，诗道亦无穷"相一致。再如陆游《效蜀人煎茶戏作长句》"饭囊酒瓮纷纷是，谁赏蒙山紫笋香"，感叹了当时怀才不遇的惨淡时势。而张扩《东窗集·碾茶》"莫言椎钝如幽冀，碎璧相如竟负秦"，以茶饼粉身碎骨高度赞扬蔺相如为伸张正义，敢于抗争的大无畏精神。

　　综上所述，诗人们在"有我有茶"的境界中，通过对茶及对茶事活动的描述，表达了更深远的精神情韵。但是，在"有我有茶"的这第一层境界中，诗人只是在品茶中观照自我，洗涤心灵，体悟茶道的内在情韵，却依然不能完全摆脱自我的束缚，即并没有将"我"与"茶"融为一体，因而还需更高层次的净化修炼。

　　2. 茶我同一

　　茶我同一，就是在品茶的境界中，在直观品饮的体验上，得到心灵的感悟，内心与茶达到精神上的沟通和融合，茶品即人品，人品即茶德，由此而达到"茶我同一"的境界。这一层境界的具体表现是用一种纯正自然、不与世俗同流的心态来品味茶，探寻茶之真味，达到人的自我回归，即"茶亦是我，我亦是茶"的美好境界。

　　苏轼的《次韵曹辅寄壑源试焙新茶》是描写"茶我同一"境界的佳作，描写了茶生长在云蒸霞蔚的山之上，天生丽质且不用任何粉饰，幽香四溢。在充满天地灵秀的环境中，诗人把自己与唐代诗人卢仝相提并论，一起感悟茶的仙灵之性。而这一句"戏作小诗君勿笑，从来佳茗似佳人"是诗人在自然随性的状态中品味茶，并将茶比作佳人，通过佳人的完美形象来观照自己的品德言行。在苏轼的心中，完美的佳人既要具有清丽脱俗的外表，也要具有纯洁的心灵、高尚的情操。诗中的佳人也是作者对自己人格的观照，此时佳茗与佳人已不分彼此，茶与人已经合为一体。诗人与茶成为精神上融于一体的生命体，诗人还从茶中得到心灵的净化、精神的升华，茶的清澈和脱俗的品德也塑造了诗人内心真实的"自我"，这个内心的"自我"与现实中的"我"

的精神品格完全相融，由此达到了"茶我同一"的境界。

唐代诗人吕岩的《大云寺茶诗》也有描写"茶我同一"境界的诗句。"玉蕊一枪称绝品，僧家造法极功夫"，诗中首先描写刻画茶叶之美，告诉人们茶是僧人精心制作而成的，茶的品质极佳。"兔毛瓯浅香云白，虾眼汤翻细浪俱"，形象地描述了茶的烹煮过程，在茶汤初沸时细细的波浪涌动，茶汤面上的水泡如虾眼般细小，用来盛茶的器具是珍贵无比的兔毫盏。"断送睡魔离几席，增添清气入肌肤"，茶饮之后，人变得神清气爽，睡意全无。茶的清香沁入身体肌骨，洗去了心中的尘污，如此不染尘俗的茶，默默独自生长在溪水岩石边，如同品行高洁的人一样，在物欲横流的社会环境中，是多么令人敬佩的高尚品德。正是在深深的感悟和理解中，诗人将茶的品质与自身融为一体，升华至宁可幽居在溪岩旁，也不愿落入纷乱红尘之中的"茶我同一"境界。

杨万里的"故人气味茶样清，故人风骨茶样明"则完全将茶品与人品融于一体。在诗人心中，"我"与"茶"已无彼此，是茶喻人还是人喻茶已分不清。在诗人所感悟的"茶我同一"的境界里，"茶"与"我"已如影随形，但诗人所领悟的茶中包含的精神活动，还处于互融的状态，并未完全达到忘我的境地。他对家乡的名茶"双井苍鹰爪"异常钟爱，在诗中赋予其无上的灵性，描写了茶的香从"灵坚"中来，茶的味由"白石"中蕴，茶的脱俗不凡由此可窥。而"龙焙东风鱼眼汤"的诗句则表现了诗人熟谙茶艺，深得品茶中"三昧"的艺术，在茶的品饮中逐渐抛去现实的烦恼，神游在荆州的困境之外，在茶中找到了逃避现实的寄托。诗中描写了诗人通过品茶看淡功名绩业，不再患得患失，富贵在其心中如同浮云，表现出坦荡平和、空灵淡泊的心境。而"个中即是白云乡"和"始耐落花春日长"的句子则表达出诗人对人生百年繁华如过眼烟云的感叹，在茶的审美中把自己与山水融为一体的心境刻画无遗，此时诗人的心也返璞归真、回归自然，并进而升华达到了忘我的境地。

还有许多诗句如许及之《煮茗》"境缘看渐熟，吾亦欲忘言"、刘得仁《夏夜会同人》"沈沈清暑夕，星头俨虚空……日汲泉来漱，微开密筱风"等，亦有不少"无我无茶"品茶境界的描述。由此可见，品茗的时光是美好快乐的，令诗人们如痴如醉，达到"忘我"的境界。

3. 无我无茶

"无我"的境界是庄子哲学思想中的一体道方法。《庄子·齐物论》中"庄周化蝶"的故事将"忘我"的意境进行了巧妙的阐释。王国维对于"无我"的思想也有自己的认识，他认为"无我之境，以物观物，故不知何者为我，何者为物"，特别强调要消除物我之间的界限，达到非我非物、物我两忘的境界。这种观点，在品茶境界中则是一种"无我"的精神状态。北宋画家文与可擅长画竹，在他的画作中"见竹不见人，岂独不见人，然遗其身，其身与竹化"，消除了物与人的对立，从而达到自然相合、万物同一的境界。在这样的境界中，"我"与"茶"都融入了天地万物中，成为品茶的最高境界。

描写此境界的唐宋诗词也有很多，如黄庭坚《品令茶词》，在此词的开头描写了茶的名贵，宋初进贡的茶，先制成茶饼并饰以龙凤图案。皇帝赏赐近臣龙凤团茶来显示他的恩宠，足见龙凤团茶的珍贵。接着又对碾茶的情景加以描述，先将茶饼碾碎成末，经细致加工，再碾成粉屑，用水煎煮。煎好的茶汤，清香扑鼻，令人尚未品饮就已神清气爽。在赞赏茶之美味时，做出了"醉乡路，成佳境。恰如灯下，故人万里，归来对影"的名句，用"灯下""故人万里，归来对影"来烘托品茶的氛围和意境，内涵更为升华，形象也更为鲜明，将品茶的美妙意境形象地比喻为故人万里归来，虽相视无言，但心潮澎湃、心意相知相通的妙悟心境。词中茶、我在何处均无迹可循，而恬淡的快乐与我同在，如此意境是"无我无茶"最好的诠释。黄庭坚作为江西诗派的鼻祖，在其有关茶的诗词中也多有此意境的描写，如《戏答荆州王充烹茶四首》。他通过茶诗，告诉世人：人生修行的境界可以通过品茶来体悟。有些茶诗虽貌似意境高远，但对茶道的领悟不深，而有些诗虽粗看上去艺术笔墨较淡，其中却蕴含着对茶道的深刻领会。因此，评价茶诗要结合不同的茶的特点，并兼顾诗文的艺术美感，通过领悟茶道来感悟生命与自然规律的契合，从"有我有茶""茶我同一"的层次进化到"无我无茶"，每一层的感悟都是进化的过程，在升华中体味生命的真谛，使自己的身心都置于广博浩渺的大千世界，此时方能体悟到自身的渺小，并将个人的得失忘于虚空。庄子云："游心于淡，合气于漠，顺物自然而无容私焉。"意思是，在人与自然的和谐之中获得了精神的无比愉悦。在"无我无茶"的境界中，人们跨越了主体与客体的界限，逐渐消除了对人生中色、空、生、死等问题的困惑，对于自身也不再执着于"有"与"无"，而是以"一色一香，无非中道"的价值观去观照自身和自然万物的真意，体悟"看心看静，却是障道因缘"的通达境界，人生至此所体道悟真的禅意，才能打破"有""无"之争，使内心处于"无心"之境地，由此实现自我与万物的同一。

唐代卢仝著名的《七碗茶歌》却是多重境界并存其中的。"一碗喉吻润，两碗破孤闷。三碗搜枯肠，惟有文字五千卷。平生不平事，尽向毛孔散。四碗发轻汗，五碗肌骨轻，六碗通仙灵。七碗吃不得也，唯觉两腋习习清风生。"诗的前四句属于"有我有茶"的境界，茶的功效是生津解渴、消除孤寂，并可激发灵感，抒发情感。诗人通过茶寄托自己的感情，并以此让自己身心舒畅。第五、六句描写了品茶可以让人感到轻松通透，犹如进入仙境，此时人已开始融入茶之道中，至此为"茶我同一"。继而升华到了茶让人淡泊通达、无欲无求的状态，此时以物观物，人注重的自我已经完全消融在茶的情境世界之中，达到了"无我无茶"的至高境界。诗人在进行茶事活动的过程中体悟到了品茶的三层境界，难能可贵。

以上所叙述的品茶三重境界，其目的都是把握茶道的内在精神实质，由此我们体悟了茶道的不同境界。这种体悟是中国传统美学也是传统茶文化研究难以系统化、全面化的根本原因。因此，我们一定要秉承求真务实的科学精神，去探寻我国古代茶事活动中审美对象、审美活动的发展规律，通过呈现出来的表面现象认清传统茶文化的本质内涵，为构建适用当代茶学的科学体系和茶文化的科学体系添砖加瓦，奉献自己的才智和力量。

（五）茶韵之美

茶界近年来在评价某些茶叶的品质时，经常使用"韵"这个字。如武夷岩茶有"岩韵"，安溪铁观音有"音韵"，凤凰水仙有"山韵"，台湾冻顶乌龙具"喉韵"，广东岭头单枞有"蜜韵"，普洱茶是带着"陈韵"的。对茶涉足不深的人难以理解"韵"的含义。季羡林先生有一篇《关于神韵》的文章，专门论述文学评论中的神韵和气韵。将先生对于"韵"的理解运用到品茶中，我们可以体会"韵"到底是什么东西。因为评茶时使用的与"韵"搭配构成的词很多，为了便于表述，我们这里统称为茶韵。

以"韵"评说茶叶品质的记载，早在唐代就有。唐代杨华所撰写的《膳夫经手录》中说，"潭州茶、阳团茶、渠江薄片茶、江陵南木茶以上四处，悉皆味短而韵卑"，其中就已提出"茶韵"。但自此以后就很少有用"韵"来评价茶叶品质的历史记载了。武夷岩茶是最早使用"韵"来评价茶叶的品质的，也就是经常用来描述武夷岩茶的"岩韵"。其实在民国以前的茶叶著作及茶叶文献中并没有发现使用"岩韵"一词来论述武夷岩茶品质的记载。真正开始使用"岩韵"来描述岩茶的滋味，应当是在中华人民共和国成立之后才出现的。到后来，其他的茶类也出现了茶韵的说法：普洱茶有"陈韵"，黄山毛峰具有"冷韵"，西湖龙井有"雅韵"等。那么，茶韵的含义究竟是什么呢？陈德华在《说岩韵》一书中进行了解读：岩韵其实就是武夷地土香。而安溪铁观音的音韵是只存在于茶树品种铁观音中，其他的如本山、黄桓、毛蟹等品种加工做成铁观音后却并没有音韵。岭头单枞茶一直用"蜜韵"来描述这个品种的特色，产地的不同对单枞茶树品种中蕴含的"蜜韵"是有影响的。还有茶学家认为，武夷岩茶的岩韵是"茶水厚重、香气清幽、回甘明显、滋味长久"，并认为武夷山中"烂石加青苔发出的气息"是导致"岩韵"产生的最直接的原因，也是其最原始的味道。

以上论述的资料，只能说明茶韵是存在于茶中的感觉，但是却并没有说清楚茶韵究竟为何物。那么，下面让我们来研究与探讨茶韵具有哪些物质基础。茶界泰斗张天福对铁观音"音韵"有独到的理解，认为应具备三个明显的内容才能体现出茶韵的品质特征。一是品种香显，二是茶汤里有品种的香气，三是品饮后有回味并余韵犹存，齿颊留芳。还有专家着重探讨了乌龙茶中特殊的"岩韵"与"音韵"的感官特征与物质特性，表明武夷岩茶由于茶多酚、儿茶素、咖啡因的氨值较高，所以其岩韵浓厚。铁观音的氨基酸含量、酯型儿茶素占儿茶素总量比较高，因此其音韵厚而悠长。此研究揭示了茶韵的物质基础，并告诉人们，构成茶韵的物质就是我们通常所说的茶叶主要成分。因为武夷岩茶和铁观音的主要成分不同，所以两者的茶韵也有很大的不同。由此，我们是否可以理解茶韵是茶叶品质或与茶叶品质相关的物质，只是换了名称为"茶韵"而已。陈德华在《说岩韵》一书中论述了岩韵的形成，认为其主要是由茶树品种、生态环境、栽培技术、制茶工艺等因素造成的。高质量的鲜叶经过适度晒青、轻摇青、薄摊青、长凉青、重杀青、低温复火、干燥包揉、文火慢焙，可以增加茶的韵味。而运用真空包装、低温干燥储藏等技术也是增强安溪铁观音"音韵"的有效措施。这些资料进一步论证了茶韵不是纯自然状态下才具备物质基础的，而是可以人为控制的。如此，更加证实了茶韵其实就是茶叶品质。上述的茶韵都是评价茶叶品质时的韵味，其实品茶的韵是可以有两种含义的：其一是作为评茶术语的"韵"，这是一种味觉的感应。其二是文化层面上的茶韵，是茶的文化含义，在品茶时可以领会到茶韵，而这种"韵"是精神产物，是品茶后的一种美好的余味或者回味，是人们在品茶后精神上的一种领悟。

由上述研究，我们对茶韵得出以下看法：

第一，茶韵是真实存在的。在品茶时，我们确实可以领会到茶韵，这可以在众多评茶大师的书籍和古往今来文人墨客的诗句中得到证实。唐代卢仝《七碗茶歌》中的"两腋习习清风生"就是茶韵的最好见证。

第二，茶韵的内涵本质。茶韵虽然与茶叶品质有关，但又不同于茶叶品质。因为影响茶叶品质的只有客观因素，而对茶韵产生影响的既有客观因素，又有主观因素。茶叶品质是物质的表现，是可以通过科学实验和分析测定来确定的，并且可以标准化。而茶韵还是茶的文化内涵，是精神产物，是品茶之人在精神上的升华。

第三，领会茶韵有方法。首先要有好茶，品质不好的茶自然产生不了茶韵。其次，要学会喝茶。会喝茶有两层含义：一是有喝茶的技术，懂茶，懂得适合茶的冲泡方法。二是要具有领会茶韵的能力，也就是具有较高的文化素养和艺术修养。最后，茶韵的领会需要好的环境和心境，两者兼具，才能使茶人真正品味到茶的韵味。

第三节　茶艺审美的范畴

茶艺审美的内容和范围受到社会文化环境的影响，不同历史时代、不同地区、不同民族的茶艺审美内容不尽相同。中国式的茶艺审美，以"清、和、简、趣"的思想精神为指导，审美的范畴主要从茶艺活动的仪式感、朴实、典雅、清趣等方面来着手研究。

（一）仪式感

人们对美的追求是一致的，茶艺审美的仪式感属于优美的审美范畴，是以优美为情感表征的审美；是一种深达人心的单纯、静默、和谐的美，包含着长时期的耐性和清明平静的温柔美。茶艺活动的仪式感，在审美形式上就强调有节奏的礼仪和有特别规定的步骤。其核心特征是一种崇拜日常生活俗事之美的仪式，并由此表达出审美情感的静默内化与温柔和谐。而这种仪式感是人们日常生活节奏的美的提炼，并由此来照亮日常生活——即使只在规定的境象中。

茶艺的仪式感从审美形式而来，仪式中体现美感，是茶艺审美要求最核心的规定。茶艺的美感就在其一招一式的仪式之中。当我们进入了茶艺的仪式中，就进入了茶艺的审美之中。仪式美从日常生活中来，茶艺的仪式感从形成时就确定在具有美感的审美范畴中，茶艺的仪式感是具有东方传统文化气质并具有丰富内涵的审美特征。仪式感既是茶艺审美的基础，也是茶艺审美的范畴，这是茶艺审美特有的要求。

（二）朴实

茶艺审美中的朴实，是来源于茶艺中独一无二的审美对象——茶汤，并由茶汤而带给人味觉、视觉、嗅觉、听觉、触觉上的享受，它满足了人最重要的自然欲望——解渴，并带来其他生理感受。作为茶艺的审美对象的茶汤，带给人身体的"享受"，也带给人内心的体验。这使人们从普通的饮食生活中发现了高雅的审美情趣，使审美与人的感官和享受建立了密切联系，给人们的日常生活增添了文化与审美的意义。因此，茶艺的朴实美是一种"充实"的审美范畴。

茶艺的朴实美中还包含着朴素美。朴素美是茶艺审美的核心内容，在中国的各个历史朝代中都赋予了茶艺或饮茶以朴素美的文化秉性，并上升到通过饮茶来修身养性的高度。受老子的以自然美为美的本体思想的影响，以朴素卸去人们心中的种种欲望，使心灵的空间安放于朴实清静之中，这正是茶艺审美的重要基础范畴。

茶艺的朴实之美也是无味之美。无味，是对茶艺活动中审美体验的观察和总结。所谓的无味，就是要全神贯注地去体味和感受美的最高境界，通过品茶这一日常行为去体会审美的内质，以自然之真味来感化人们的生活，这就是"茶道"的本质特征和深刻意蕴，人们从中感悟到生命的真谛，由此获得最完美的享受。饮茶是对茶汤的品鉴，最终目的是通过无味之升华，达到以茶修"道"的最高境界。而这种朴实落实在具体的茶艺活动中，就是在环境、器具、茶席设计等方面，都尽力地追求一种朴素淡雅的意境，追求返璞归真的美，因此朴实之美是茶艺之美的最高追求。

（三）典雅

茶艺中的典雅之美主要表现在技法方面。茶艺技法的典雅表现为气韵生动和心技一体之美。心技一体，是指茶艺师要把自己的内心与技法完全融为一体，做到知行合一。优秀的茶艺师要具备一颗温良的茶心，还要拥有沏茶、品茶、鉴茶的高超本领，才能真正高水平地沏出好茶。气韵生动是要求熟悉掌握沏茶的动作，冲泡手法流畅、灵巧，将一切技巧、方法熟练地运用，使人们看到在茶席中展现的茶艺师内在的神气和韵味，以及优美、雅致的状态。

茶艺中的典雅之美还表现在与其他艺术形式的融合中。茶是有着兼容并蓄的精神的。同样的，作为中国传统文化的典型代表，茶艺与其他艺术形式也有较强的融合性，而融合是在"典雅"的范畴中进行的。优秀的茶艺师要具备高雅的品质、端庄的举止、周到的礼仪，在茶席的艺术设计上要给人美好的享受和蓬勃的正能量。在与多种艺术形式融合的过程中，要按照以"和"为美的原则，创造出温雅平和的审美意境，从而深化茶艺的审美内涵和审美力量。

（四）清趣

茶艺审美中的"清"是指清洁之美。对茶具的清洁是检验茶艺审美最基础和重要的步骤，也充满着审美意蕴。光亮清洁的器具表现出色彩和质地之美，整洁的茶境给人以心情舒畅的感受，洁净的茶空间体现出了茶艺师静默的关爱，这些都是茶艺中"清"之美的具体表现。

茶艺的"清"也是自然之美，包含了人与自然更贴切的对话和理解的"自然心"。自然心表现了对世俗之美的一种洗涤状态，是茶艺师创造出的干净整洁的自然环境。茶室洁净明亮，应着四季的景色，使人的心灵也清洁通透。自然之心是茶艺师通过技艺训练，不断提高自身修养素质而获得审美感悟后，用心灵的洁净完成整个茶空间清洁过程的体现。

茶艺之趣中的"趣"是生动之美，赋予日常生活以灵动之美、有趣之美是茶艺重要的审美范畴。在安静的观照之中去体会生命的节奏，茶艺活动过程在几乎重复、平淡、安静的状态中将生命的新鲜力量表现出来，把记载生活和生命历程的趣味表现出来，是一种需要经过历练的高超的艺术。

"趣"是情感之美，清趣是茶艺审美追求的境界。茶人们要积极适应社会，又要把握自己的思绪和感情，不为外在的事物、妄想和错觉所牵累。以此，把通过茶道陶冶的修为散落在日常生活中。

第六章　茶之艺韵

茶文化是中国高雅文化的一个代表形态。经历了漫长的源起、发展、鼎盛、繁荣的循序渐进的变化过程。茶作为人类生活需要的药用物质出现是其最早的存在方式，但是经过文化意识形态的提升之后，其作用已从提神止渴上升到了精神层面，茶成了人们生活中不可或缺的东西。要了解茶文化的精神内涵和审美特质，一定要对茶的成分有深度的掌握和了解，只有科学地分析、认识茶，才能更好地接近茶的自然美。茶种植及采摘、制作，是烹茶、品茶及赏茶、传茶的基础。在本章中，我们将通过对茶、茶艺、茶具、外国茶文化的研究论述，对茶文化丰富的意蕴及内涵有更深的理解和认识。

第一节　雅趣美：茶之姿彩

（一）"浑以烹之"的煮茶法

茶是世界三大饮品之一，中国是茶的故乡，中国人也是最早认识茶、饮用茶的。中国古代的文字中，对茶的称谓多种多样:茶、荈、葭萌、茗、蔎诧、皋芦、瓜芦、水厄、槚姹、选游、不夜侯、清友、余甘氏、玉川子、过罗、物罗、酪奴、森伯、涤烦子等，多达20余种。

茶的起源，可以追溯到5000多年前的神农氏时代。"茶之为饮，发乎神农氏，闻于鲁周公"，这是茶圣陆羽在《茶经》中对茶的起源发展的介绍。民间传说普遍认为，茶是"神农氏尝百草，一日遇七十二毒，得茶而解之"而发现的。若以此来计算发现茶的年代，中国人发现茶的确已有5000多年的历史了。"闻于鲁周公"：自神农发现茶之后，对茶做出重大贡献的人是鲁周公。周公撰写了《尔雅》，《尔雅》是我国较早的历史文献，书中提到了"荼"，而"荼"的意思是晚采的茶。在西周，朝廷已设有"掌茶"的职务，将茶作为贡品记录在册。

在很长时间内，茶除了药用价值，最大的两个用途是佐餐和解渴。用鲜叶或者干叶烹煮而成羹汤并加入一些盐味等佐餐调料是唐代人经常食用的茶餐，也叫作"茗粥"。另一种烹煮方式是将鲜叶或者干叶放入沸水中煮饮，并将姜、桂、椒、橘皮、薄荷等加入熬煮，这种方式是把茶作为药来煎煮的。西汉的《僮约》称"烹茶尽具"，烹茶，意为入水煮熬，将茶放入冷水煮到沸腾，烹茶是早期品饮的冲泡方式。那时没有专门用来煮茶、饮茶的茶具，通常都是用鼎、釜煮茶，再用食器、酒器饮用。而不管是药用的煮熬，还食用的烹煮，这些冲泡方式都没有艺术性，只能说是茶艺的雏形。西晋杜育的茶学巨作《荈赋》中对茶艺有所描写，对择水、选器、煎茶、酌茶都有艺术性的要求和描述。通过杜育的《荈赋》，我们可以了解到中国的茶艺萌芽是在西晋时期的蜀地，但是当时还未完全成熟普及，煮茶的冲泡方式直到汉魏六朝及初唐才发展成为一种主流的饮茶方式。北魏杨衒之的《洛阳伽蓝记》中，对当时的饮茶方式有清晰的记载，并有将茶汁叫作"酪奴"的茶事典故。由此，我们了解了茶在南方的普及程度高于北方。

至唐朝时，作为饮用的"茶"，使用率越来越高。唐玄宗作序的《开元文字音义》中，就将"荼"字省去了一笔，成为今天通用的"茶"字。因此，陆羽再作《茶经》时，也就只写"茶"字了。在陆羽以前，没有专门翔实记述茶的文献，因此，后人对唐朝以前人们饮茶的情况缺乏真实的了解。陆羽在《茶经》中，也为我们描述了唐以前人们的一些饮茶方法，这些饮茶方法明确地讲述了那时人们将茶与其他如葱、姜等佐料一起煮后饮用。但陆羽的描述更接近于唐人的饮茶法。唐代杨华《膳夫经手录》中提到了用茶熬制而成的"茗粥"。茗粥，也就是在茶叶烹煮时加入米、盐等食物及调料煮成的既饮又食的食品。唐代末年，著名诗人皮日休在《茶中杂咏》序中说道：季疵（陆羽）以前的人饮茶，冲泡方式都是"浑以烹之，与夫渝蔬而吸者无异也"。他认为，在陆羽之前人们饮茶，都不是真正的品茶，而是在喝蔬菜汤。

发展到魏晋南北朝时，饮茶方式已有进步和提升，茶叶的加工制作也有了飞速发展，此时还出现了饼茶。由以上所述可知，茶的制作方式和品饮方法都在历史发展的进程中发生了变化，历朝历代人们的饮茶习惯都在不断地进步和发展。

（二）陆羽与《茶经》

从"浑以烹之"把茶作为菜肴和用茶解渴的饮茶方法过渡到赏茶、品水、观火、辨器的真正对茶的品饮，经历了循序渐进的演变过程。唐代，是茶真正从药品、食品过渡到饮品的时代，其中影响巨大的就是陆羽茶学巨作《茶经》的问世。

陆羽，字鸿渐，竟陵（今湖北天门）人，生于唐开元二十一年（733年）。相传，陆羽出生时遭遗弃，被竟陵龙盖寺的智积禅师收留，在深受禅茶文化熏陶的寺庙里做了十年的童僧。这十年时间，让陆羽接触到了茶的世界，对茶产生了深厚的情愫。当时在寺庙中，僧人修行是要打坐静默，不能睡觉的，为了赶走睡意，僧人们都需要通过饮茶来提神醒脑，因此饮茶之风在寺院中非常盛行。陆羽在这样的氛围中长大，并一直接触着茶事，练就出一手高超的泡茶本领，对茶的认识也逐渐变得深刻。在离开寺院之后，陆羽开始了他的茶旅人生。27岁时，他来到了当时著名的产茶、制茶圣地——湖州，结识了他一生的忘年交——诗僧皎然，他们志趣相投、互为知音，在人生的四十余年间谱写了高山流水的人间佳话。为了研究茶，陆羽游历了许多茶产区，对茶的生长、种植、采摘、制作、烹制等都做了详尽的了解研究，并广交名士，鉴泉品茶，为其巨作撰写做准备。761年开始，陆羽闭门著书，开始了《茶经》的撰写工作。765年，《茶经》初稿完成，一问世，就大受好评。次年，陆羽又开始了考察研究工作，在湖州、丹阳、宜兴、常州等地穿梭往返，以顾渚山为根据地，对制茶和茶文化进行研究。至773年，在当朝宰相颜真卿的支持下，陆羽有了青塘别业这个能让他潜心研究茶学、撰写茶书的基地，并最终在这里完成了《茶经》的创作，也在这里走完了他人生最后的旅程。780年，《茶经》终于正式付梓，这本7000余字的茶学巨作，对中国茶学的发展及对中国茶文化的发展都有着巨大的影响。这本对茶叶生产技术、饮茶技艺、茶道原理都有论述的巨作，是世界上第一部茶学专著，也是第一部关于茶的百科全书。

陆羽在《茶经》中统一用了"茶"字，使后世对于"茶"有了统一的说法。全书分为上、中、下三卷，共十个部分：第一部分介绍了茶的历史、茶树的生长环境、茶的物理性状和茶的自然功效；第二部分主要描述了采摘、制造所用的器具；第三部分是采茶、制茶的主要程序和步骤；第四部分对茶具的形状、门类、用途等做了详细、具体的介绍；第五部分分享了煮茶的技艺；第六部分是饮茶的方法；第七部分是对茶事历史的回顾及总结；第八部分是茶叶产地介绍、各类名优茶叶的排列、分类；第九部分和第十部分对茶道的规范和饮茶的环境与气氛提出了要求和期望。

《茶经》集中反映了陆羽的茶艺和茶道精神，具有划时代的重要意义，对后世影响深远。书中详细描述了唐代人们的制茶方法及饮茶习俗，是我们了解唐代及唐以前人们茶事活动的宝贵历史资料。

（三）唐代煎煮

唐代，饮茶的方式与先秦、秦汉、魏晋时期相比有了很大的变化。较之前朝历代的品饮，此时已将茶从药用和食用的粗放式饮用中解放出来，而更关注茶的品质、味道、冲泡技法、文化内涵。人们将茶分别制作成粗茶、散茶、末茶、饼茶，由此也产生了适应各种类型的茶的冲泡方法：庵茶、煮茶、煎茶。

庵茶，陆羽《茶经·六之饮》中记载了庵茶冲泡方法：把茶叶切碎再熬制，经过烘烤然后捣碎，放在器皿中，用开水冲泡饮用。

煮茶，在唐代以前就开始盛行。把茶放入水中烹煮，再放入葱、姜、枣、橘皮、薄荷等调料，就像今天喝蔬菜汤一样，也叫作"茗粥"。到唐代，虽然还有很多地方采用这种古老的煮茶法，但这种方法已逐渐落伍。而茶圣陆羽评价这种方法煮出来的茶是"斯沟渠间弃水耳"，对其唾弃鄙夷。

煎茶，此法由陆羽开始倡导，是唐代中晚期以后颇为流行的饮茶方式。陆羽将前人的饮茶方法总结提炼，使其规范化，成为后世千百年间茶人遵循的训律。煎茶法的步骤如下：

炙茶。炙烤茶饼既可以增加茶的香气，去除霉味，也能使其易于碾磨成茶末。

备炭，烧水。最好是用木炭来烧，但不能用沾有油腥气和油脂的，要用没有异味的木炭。要将被砸成碎块的木炭丢进烧水的炭炉里，用来烧火，这样煮出来的水最适合泡茶。

用水。水的品质对泡茶很重要。"山水上，江水中，井水下"，这是陆羽对泡茶用水的评价。他评出天下20种名水，并不断地寻找佳泉美井。他对于泡茶用水很有讲究，也很有鉴赏能力。

煎茶。在煎茶时，煮水的火候特别重要。水有三沸，在二沸时盛出水，然后把茶末倒入水中。水烧至三沸，就不能再继续烧煮了，因为如果水反复烧煮，水中的营养物质氧分子被逐渐分离，会影响到茶中多酚类物质与氧原子的化合。而陆羽早在1000多年前科技并不发达的唐代就已经通过自己的实践研究得出了茶汤不易久煮，及三沸"已上水老不可食也"的结论。

分茶。在分茶时，煮水一升，分五碗，每碗要均匀。水不应多放，否则影响茶味。给客人分的茶量要按照在座的人数来确定，如果有五个人就盛三碗茶，七个人则盛五碗，如果在座的客人很少，只有四位或少于四位，就不用碗来计算。

饮茶。饮茶是最后的程序。品饮时要趁热连饮，因为茶汤凉后，会因"精英随气而竭"而失去了茶的鲜醇香浓之味，口感不佳。

唐代许多诗句中都有关于煎茶的描绘。如诗人李商隐在《即目》中用"小鼎煎茶面曲池"的诗句来描述，张籍在《送晊师》中也用了"九星台下煎茶别"的句子来描写煎茶的画面等。从这些诗句中可以看出，到唐代茶已脱离了药用、食用的范畴。而在煎茶时表现出的闲情、所追求的意境，以及僧侣和文人的加入，使茶有了更丰富的精神内涵。唐朝是中国茶文化发展最为鼎盛的时期，在冲泡技艺上，从选茶、备水、备具到煎茶技艺、品茗环境、品茶都有了规范的体系。此时，茶已不仅仅是一种饮品，而是被赋予了厚重的人文精神和文化理念。

（四）宋代点斗

1. 点茶

宋代点茶，是在继承了唐代品饮冲泡的方式方法上，进行创新改革的一种饮茶方法。点茶的茶具更加精细、简洁。煎水煮茶用茶瓶，且瓶子要小巧，易候汤，黄金为上，民间多用银铁或瓷石。点茶程序较为烦琐，包括炙茶、碾罗、烘盏、候汤、击拂、烹试等。而泡茶的关键在候汤和击拂，由此产生了专门的击拂茶具——茶筅。中国历史上对茶道研究最深入的皇帝宋徽宗赵佶在他的《大观茶论》中详细讲解点茶的方法，给后世留下了宝贵的史料文献。

在宋代，从皇帝大臣到平民百姓，都爱好点茶，点茶技艺在民间十分普及。文人、僧侣、士族、村野无不点茶，点茶之风极盛。南宋理宗年间，日本僧人南浦昭明来到浙江余杭的径山寺求学，然后把在中国学到的点茶技艺及品茶论道的"径山茶宴"带回日本，从此日本有了严格的饮茶仪式和规范。后来经千利休发展改造，打造了流传至今的日本茶道。基于此，日本茶道，其根源要追溯到中国宋代的点茶。

2. 斗茶

斗茶盛行于宋代，是从点茶中派生出来的一种饮茶技艺，是一种评比茶的质量和点茶技艺的方式，在宋代后逐渐演变成一种民间人人皆爱的茶俗。

斗茶的起源与当时朝廷独爱北苑贡茶有很大关系。范仲淹《斗茶歌》中说：“北斯献天子，林下雄豪先斗美。”苏东坡诗云：“争新买宠各出意，今年斗品充官茶。”此类诗文暗讽了当时的朝廷官员为了献媚君王，讨好皇家，推崇工艺奢侈烦琐的饼茶，不顾黎民百姓的疾苦。

在斗茶中，茶具兔毫盏受到青睐。兔毫盏产自建州（今福建省建阳市），烧制时，铁质产生胶合作用，而在冷却时出现结晶，产生各种奇异的纹饰和色彩，似兔毫，呈紫、兰、暗绿等颜色，这种奇特的窑变现象是天然成就，非人力所能。有些盏的外壁有油滴斑纹，又名油滴盏。兔毫盏不仅是斗茶人青睐的精品，还是朝廷的御用贡品。兔毫盏传至日本，风靡日本，茶人甚为喜爱，不惜重金求购。

斗茶既考验点茶技艺的高低，同时也对茶的品质进行评判。因此，首先要对茶品进行鉴别，区分茶品的优劣，要求茶品以新为贵。而斗茶用的水，要以活为美。斗茶时，先将茶饼研磨成茶末，将茶末合罗后放入兔毫盏中，并加注沸水冲泡，用茶笕搅动，茶汤表面会泛起一层白色泡沫，再察汤色、观水痕，以决出胜负。斗茶技艺的评判以冲泡出来的茶汤汤色雪白，且冲泡时溅出的水痕少为上。

3. 分茶

分茶是宋代的一种茶艺，也称为“茶百戏”“水丹青”，是在茶汤的表面做出各种神奇的图画。茶道大师宋徽宗赵佶在宴请百官的宴会上，亲自煮水分茶，击拂绝妙，手法高超，在茶汤表面绘制出了“疏星朗月”的图画。分茶使汤纹呈现出山水、花鸟甚至吉祥祝福话语，在当时被称为“茶百戏”，甚至还有“漏影春”等高难度的泡茶技艺。如今，分茶的技艺已经基本失传，后人只能从文献记载中找到一些细枝末节。而在茶文化蓬勃发展的今天，仍有很多茶人在努力地复原再现分茶的绝技。

分茶是在点茶和斗茶的基础之上产生的，但技巧和技艺却在二者之上。分茶的重点在于关注汤面纹饰的变幻，对于茶汤的色、香、味却不甚看重，虽然操作难度在点茶、斗茶之上，但说到底它也只是单纯的技艺性游戏，供大众消遣娱乐。

（五）明代瀹饮

到了明代，品饮的方式演变为瀹饮。这种品饮方式是因为茶品的改变而产生的。明太祖朱元璋下令各地改革制茶工艺，把烦琐复杂的龙团饼茶改为散茶，减轻茶农的负担。因此，品饮的方式也随之改变。唐宋时期，瀹饮法就已经存在，唐代也有散茶，但当时的饮茶方式以煎煮茶为主。宋后期至元代，已开始出现"重散略饼"的趋势，到明朝散茶逐渐成为主流，由此才有废除龙凤团饼的命令颁布。在明初，煎茶、点茶仍是冲泡的主流方式，瀹饮法多在宫中进行。由于瀹饮法的冲泡方式非常适合明代的散茶，也更方便实用，所以到了明末清初，人们渐渐习惯了瀹饮法的饮茶方式，并用它取代了唐代以来一直使用的煎点法，瀹饮法成为品饮的主要方式。

瀹饮法简化了点茶的许多程序，煮水成为瀹饮法的重要环节。瀹饮法所用的茶具变化很大，出现了茶壶，要用小壶冲泡，才能真正品到茶中的香味。冲泡可以自由发挥，不像煎茶与点茶，要严格按程序进行。瀹饮法适合清饮，使饮茶更具自然美。瀹饮法所需的茶具使紫砂壶市场特别繁荣，宜兴的紫砂茶具和景德镇的瓷器因此得到很大发展。瀹饮法还促进了中国茶叶品种的增多，使中国茶叶最终发展出绿茶、红茶、乌龙茶、花茶、白茶、黄茶、黑茶等上千个品种，大大丰富了中国茶文化，使品茗艺术更加多姿多彩。从明清至今，瀹饮法在中国一直都处于主导地位。

第二节　艺术美：茶之雅韵

（一）茶艺礼仪

孔子曰："不学礼，无以立。"举止端庄、进退有礼、文质彬彬，代表了人们内在的尊严与修养。一个人的仪容仪态是其修养和文明程度的表现。身体的姿态和举止是表达内心世界的一个重要窗口，它比口头语言的作用更深刻、更亲切、更有说服力。茶艺师在日常工作和服务中，通过端正的仪态来传达茶艺的精神，因此仪态及服务礼仪的学习和训练对茶艺师而言是非常重要的。要养成优雅的姿态，除了要提高自身内在修养，还要在日常生活中对行为举止进行形体训练。

1. 坐姿

在坐下前，首先检查一下茶桌、茶具的清洁度、完整性，并检查茶桌与椅子的距离。端坐在椅子上，不能坐满椅面，一般坐三分之二的面积。上身与椅面成90°，大腿和小腿成90°，上身直立，两肩平直，颈直，抬头，平视前方，下巴稍敛，目光柔和，表情自然。女性双腿并拢，男性两腿与肩同宽。女性两手交叉放在腿上或茶桌的茶巾位置，男性两手半握拳放于腿上或茶桌上。在沏茶时，尽量保持身体的端正，不能在持壶、倒茶、冲水时不知不觉把两臂、肩膀、头抬得太高，不能整体歪向一边，还要切忌两腿分开或跷二郎腿、双手不停搓动或交叉放于胸前，还有弯腰、弓背及低头等不雅举止。泡茶时，全身肢体与心情都要放轻松，这样泡茶的动作才会产生行云流水、气韵生动的感觉。

2. 站姿

头正、颈直，身体直立，下颌微收，眼睛平视前方，双肩放松，立腰收臀。女性双脚并拢，也可以站"丁字位"，双手虎口交叉，放在小腹位置，为"前腹式"。男性在站立时双脚是要分开的，但不宜分开过宽也不要过窄，与肩同宽即可，身体后背立直，眼睛平视前方，双肩下沉放松，将两手交叉放于前腹；另一种站姿是双手叠于胸前称为"交流式"，一般情况下，两臂自然下垂，双手手掌放松紧贴大腿两侧，使用较多的手则于手掌内凹微屈。训练站姿可以用头上顶书、双人背靠背、背靠墙等方法。

3. 走姿

走姿是站姿的动态延续。女性行走时移动双腿，走一条直线，保持平衡，双肩放松，下颌微收，两眼平视，身直，头正，两臂自然摆动。男性行走时双臂在身体两侧自由摆动，幅度比女性略大。向右或向左转身时，将左脚或右脚侧后移向右方或左方，表现出亲切自然的状态。若几个人一起转身，必须都踩到同一点后再转。奉茶时在客人面前为侧身状态，要转身服务。服务完成离开时，应先退后两步，再转身离开，以示对客人的尊敬。走姿中对转身的要求尤为仔细、严格。

4. 鞠躬礼

鞠躬礼可分为真、行、草三种。三种鞠躬礼分别用于三种不同的场合，"真礼"是在主客之间见面时行的鞠躬礼，"行礼"是客人之间见面问好时鞠躬致意，"草礼"是茶艺师在进行冲泡或向客人问候前行的礼。也可以按角度来分（30° 鞠躬、45° 鞠躬、90° 鞠躬），30° 鞠躬表示欢迎和问候，45° 鞠躬表示深深的谢意和道歉，90° 鞠躬是行大礼。

"真礼"是在站姿的基础上，将两手渐渐分开，沿两大腿下滑，手指尖触至膝盖，上半身头、颈、背、腰在一条直线上下折，与腿呈近90°，略做停顿，表示真诚的敬意，然后起身，恢复原来的站姿。鞠躬时呼吸要匀称，行礼时速度适中，不要太快，也不要太慢。"行礼"和"草礼"的要领与"真礼"一致，只是鞠躬的角度不一样，"行礼"是45°，"草礼"30° 即可。

5. 示意礼

伸掌礼是示意礼的代表，是茶艺表演中用得最多的礼节。伸掌礼表示的意思是"请"或者"谢谢"。在行伸掌礼时，手掌的姿势是将大拇指稍微离开其余四指，使虎口呈分开的状态，其余四指自然并拢，手心要向内凹形成小气团的形状，手掌伸向敬奉的茶杯旁。行礼时，欠身点头，微笑伸掌，动作讲究一气呵成。

6. 奉茶礼

奉茶礼是将泡好的茶端到客人面前供品饮。端杯奉茶体现出对茶汤和客人的尊敬，是茶艺作品的最后呈现，这个步骤很关键。奉茶礼能够体现茶艺精神和规则要求。因为有茶汤呈现，所以要注意的是，茶汤要安全地递送给客人。而主宾之间礼节的完美，也是情感交流的关键。在奉茶时要注意的事项有以下几点。

首先是距离，不要太近，也不要太远。以客人端杯时手臂弯曲的角度为准，小于90°则太近，手臂要伸直才能拿到杯子，则太远了。其次是高度，茶盘太高或太低，都不合适，以客人能45°俯视看到杯中的茶汤为适宜。再者，奉茶时茶盘要端稳，给人以安全感。如果客人才端到杯子，茶艺师就急着要离开，若客人尚未拿稳或想调整一下手势，就容易打翻杯子。另外，奉茶时要考虑客人拿杯子是否方便。一般人都习惯使用右手，所以奉茶时最好放在客人右手边。如果有客人是惯用左手的，则反之。用水壶给客人加茶添水，要从侧面添加；需要取出杯子添加；用左手持壶，右手取杯添加。反之，手臂穿过客人的面前，或太靠近客人，都会给人不舒服的感觉。

总之在奉茶时，先行礼，再走近奉茶，奉完先退后半步，再行伸掌礼表示"请喝茶"。奉茶时还要注意着装，要将头发盘起或束紧，不浓妆艳抹，不喷洒香水，尤其要注意在奉茶时，不要妨碍到旁边的客人。

（二）茶艺动作

茶艺展示中每一个步骤，冲泡时每拿一件器具都有严格的规范，主要是手的动作。首先是归位，所有的冲泡器具都有规定的位置，要严格按照规定要求摆放，冲泡时才能得心应手。其次是规范，冲泡时动作要符合要求，表达准确，认真严谨地完成所有程序。最后是恭敬，对客人态度要恭敬，对茶也要有恭敬虔诚之心。另外，手的动作还表现了不同茶艺流派的特征。有的是兰花指，有的是并指，所体现出的分别是活泼与端庄两种不同风格。有的流派提出：用左手持水壶，用右手持茶壶，这样能使身体均衡。而另外的流派认为，冲泡时要以右手为主、左手相辅，有侧重点，这才是均衡。无论左手还是右手都涉及了手的动作习惯性，并且直接影响到茶具的摆放位置。因此，茶艺师在开始学习时，要确定方向和方法，形成适合自己的习惯。到学养和技能都非常熟练时，也可以尝试不同流派的冲泡方法。我们在这里统一都是讲右手原则，即沏茶时以右手为主、左手辅助，泡茶的器具方向均朝左。

1.在操作时，茶艺师的动作有规范要求

手型舒展，呼吸匀称，动作流畅且具有节奏感。手拿茶具做动作时，手要有掌控，不能颤抖。冲泡时，器具使用要轻巧无声，举重若轻。如遇突发情况，如烫手等，能有较好的忍耐力，不惊慌失措，冷静处理。动作方向明确，不犹豫，做到眼到、心到、手到，并且聚精会神。冲泡时，所有动作不破坏身体的端正姿势。达到这样的动作要求，需要茶艺师经过不断的训练，培养熟练的技巧和优雅的仪态，认真专注，精益求精。

2.除动作外，在顺序、姿势、身体移动路线、冲泡方法上都有要求

（1）冲泡顺序

茶艺进行的步骤是有前后顺序的，它以时间为轴。冲泡的顺序是：洁具、备具、行礼、赏茶、温具、置茶、冲泡、奉茶、品茶、续杯、收具。不同的茶品、不同的茶具、不同的冲泡方法，具体步骤差异很大。正常状态下，主泡器、品饮器、高位的茶具先放，然后再将茶具按使用地位从高到低摆出，如水盂、茶巾等低位的尽量含蓄摆放。冲泡注水及斟茶的方向基本是按照从左到右的顺序，奉茶时则按照从右到左的顺序取拿及摆放品饮器具。在冲泡时，置茶也有不同方式，分别是：上投法、中投法、下投法。上投法，是在茶具中先放置适合泡茶的水，再投入茶叶，这种投茶法适用于特别细嫩且不耐高温的好茶，如碧螺春。中投法，先在杯中倒入三分之一的水，再将茶叶投入其中，称为"浸润"，最后再加水沏泡，这样能保持茶叶有效成分的缓慢浸出。下投法，是在杯中先放置茶叶，然后再加水冲泡，这种泡法适合红茶、乌龙茶、普洱茶及较酽的绿茶等，这些茶都喜好用温度较高的水来冲泡，有些黑茶还应采用煮饮的方式，用温度更高的水来冲泡。以上种种，要求茶艺师在学习冲泡方法时，要秉承兼容并蓄的学习态度，遵循自然规则，从而更好地明确自己适合的方式。

（2）姿势

茶艺师坐、站、行、礼的每一个姿势与仪态都关系到礼仪的要求。茶艺本质上也是礼法的美好展示，是茶道高雅精神的具体呈现。茶艺中有多种行礼方式，现代较为熟悉的是鞠躬礼，古代的拱手、作揖礼在茶艺中也有呈现。茶艺礼仪要与人的真实情感和恭敬态度紧密结合起来。茶艺师要有着一颗挚爱、真诚、正直的心，才能展示出发自内心的虔诚恭敬的礼仪。茶艺师对自己身体姿势的选择和控制，也可以呈现出活泼、端庄、宁静、热情等不同风格。只是，在茶艺师的手接触到茶具、茶席的那一瞬间，茶艺师所有的气息、情感、精神都要依附在茶具上，目光要缓和，气息要平稳，达到心技一体的境界。此时的身体姿态要顺势而动，自然真实。有的茶艺师注水冲泡，不自觉地低头或歪头去看水注情况，这就破坏了整体的韵律和画面的美感。

（3）身体移动路线

茶艺师在沏茶时的器具及身体移动的路线、距离与方向都要按规范来进行。冲泡时的路线有手的动作和身体行动路线这两个方面。路线的移动，能很好地体现茶艺的视觉感、感染力和韵律，是茶艺在空间中的艺术表达。日本茶道的路线规定是非常明确、精细的，茶道展示所处的榻榻米的包边和缝纫线成为丈量的标尺。而中国茶艺的路线规定虽没有精细的距离计算，但也会有一些规范和约定。茶艺的整体活动是艺术活动，茶圣陆羽提出"不越矩、延展、中正"的原则，这三点要求成为茶艺师沏茶路线的规定性要求。不越矩，是指活动范围及行走路线要中规中矩，要符合生活常识和茶艺规则。延展，是在不越矩的基础上，冲泡路线尽量能延伸、舒展。中正，说的是茶艺师无论身处怎样的场所，都要尽量保持端正、守中的方位。另外，茶艺师在端盘、奉茶、行礼时，也要按照"不越矩、延展、中正"的要求行走，与客人之间要有合适的距离和方向，展示出大方、合韵的空间感。

（4）冲泡方法

现代中国人经常用的茶具主要是杯、盖碗、壶三种。由这三种茶具可分为直杯沏茶法、盖碗沏茶法、小壶沏茶法三种冲泡方法。

①直杯沏茶法

以"杯"为主泡器的冲泡法，最常见的是玻璃杯。玻璃杯，是在冲泡时经常用到的茶具，它的优点是在冲泡时不会与茶产生任何化学反应，在经过热水的浸烫之后也不会有化学成分渗入茶汤，因此用玻璃杯来泡茶，既保住了茶中原有的物质成分，最值得称赞的是又保留了茶原有的真香味，使人们能品尝到原汁原味的茶，所以是现代茶具中使用较多的茶具。玻璃杯透明，可视度、观赏性强，且简洁、方便，能呈现茶的全部品质。由于这一特征，使用玻璃杯泡茶时，一般选用能在玻璃杯里充分展示形态、色泽的茶品，比如龙井茶、针形茶及花草茶。而且玻璃杯敞口，散热快，不会闷伤茶汤，因此特别适合沏泡较嫩的茶品，同时可以欣赏它清雅的滋味和香气。玻璃杯在茶艺程序中同时完成沏茶与品茶的功能，那么相应地，茶艺程序设计也要比较简洁，得到茶艺师的青睐。浮叶给啜饮带来困难，这是玻璃杯的最大缺陷。由于无盖，不能撇去浮在汤面上的叶子，给品饮带来汤叶分离的难题。

直杯沏茶法冲泡技术要领有：

直杯沏茶法要求茶艺师具备内敛而高超的技能，以气韵生动的展示，来品味茶的真味。要求茶艺师具有较深的人文素养积淀，并在冲泡中认真体会"茶之心，人之情"。其他要素如茶席风格、色彩、茶点等也必须与茶品、冲泡方法和谐。在龙井茶直杯沏茶法中，核心的技术训练是"凤凰三点头"，这是每一位茶艺师在学习玻璃杯直杯沏茶法时要掌握的一门基本技术。"凤凰三点头"综合了茶艺多种素质要求，因此，经常由此来判断茶艺师的技艺水平。"凤凰三点头"冲泡方法是茶叶经热水浸润醒香后，茶艺师提起提梁壶或水壶，做三起三落高冲水的动作，动作有起有落、节奏分明，在三上三下的起伏之间完成沏茶过程。"凤凰三点头"冲泡中使用的握壶方法有直握法、立握法和提握法。在正式的茶艺大赛和规范的要求中，女性多采用直握法，男性一般使用立握法。直握法是手心向下，食指点梁。立握法是握壶时要虎口向上，比较有阳刚之气。提握法只要求手掌向上即可。最值得重视的是在提起壶后，一定要注意壶的中轴线与肩膀平行。手腕与肘配合，完成三起三落，头与肩膀始终保持端正、平稳、自然的状态。在冲泡过程中，注水不能停顿，水也不可落在杯外，收水时干脆利落，无余沥。注水高度要求在七寸以上，所谓"七雨注水不泛花"。完成冲泡后，杯中水在七八成高度。在冲泡时还要注意气息控制，在冲点起落中，呼吸也随之起落，整个动作结束时再缓缓放松。"凤凰三点头"在沏茶过程中高冲水，降低了开水的温度，使冲泡龙井茶的水温度适宜。三起三落的注水手法，使从壶中注到茶杯中的水柱的力量产生轻重缓急的不同变化，这样茶叶在水中充分浸润，还能翻腾跳跃，将茶性充分激发出来。民俗中三叩首的礼节也在三起三落中得到展现。"凤凰三点头"动作美观，有气度，有韵律，给人以美的感受。

冲泡的基本步骤是：

备具。在茶盘内分置茶储、茶荷、茶匙组、玻璃杯、茶巾等器具。

出具。双手端茶盘，左手手掌托茶盘，右手扶茶盘边缘，将茶盘正对茶桌中心，距茶桌边沿 1~2 拳的位置，至茶盘内茶具最高点不超过眉头，稍停顿，缓缓放下，三分之一部分放至茶桌后，两手轻轻推进放好，再返回取汤瓶和水盂，水盂位置在身侧，左手垂直而下。

列具。出具后，将茶储、茶荷、茶匙组从茶盘移出，玻璃杯成列置于茶盘内，汤瓶放于茶盘居中位，茶巾、水盂在下位。取器具时，先拿茶匙组，后茶储，再后茶荷。

赏茶。准备工作完成，开始沏泡。先赏茶，右手取茶罐，左手揭盖，将盖取下放在汤瓶正后。左手端持茶罐于胸前，右手取出茶匙，端视茶罐，表示景仰。茶匙呈取茶，拨茶入茶荷，复原成茶匙前、茶储后的样子，各回其位。

注水。提起汤瓶，用回旋法注入玻璃杯三分之一的水量，从左向右，左手食指和拇指持杯身下沿，其余手指托杯底，倾斜杯身，使水在杯口以下周旋，至一圈半，倾倒入水盂。

置茶。逐一从茶荷拨茶入玻璃杯，注意把握茶叶量。茶叶量有余即留在茶荷里，完成置茶后右手接过茶荷放在汤瓶的正后方。

浸润。提起汤瓶，用回旋法依次注入玻璃杯四分之一的水量。逐一取杯，水平轻摇，茶香四溢，十分芬芳。

高冲。用"凤凰三点头"的手法依次冲点，使玻璃杯内的水至七八分满，高度一致。

奉茶。将茶杯稍稍靠拢在茶盘中，茶巾置入茶盘底边，双手从边侧握住茶盘，左手托住，继续移出，右手扶茶盘，走向品茗者。先行鞠躬礼，再前行半步，以从右而左、从下而上的顺序端起茶杯，放在适合品茗者拿取的位置，后退半步，行伸掌礼，道："请品茶！"奉茶的习惯是，端茶不行礼，行礼不端茶，要分步骤完成。

品茶。奉完最后一杯茶给品茗者后，品茗者们相互示意，开始品茶，一看，二闻，三品，在品了第一口后，向茶艺师行礼示意表示感谢，茶艺师回礼。

续水。茶水喝到三分之一杯时须续水，用"凤凰小点头"手法，以此示礼。

收具。先收茶桌上的茶具，将茶荷、茶储、茶匙组放于茶盘左前，再收汤瓶放于茶盘右端，并用茶巾拭擦茶桌有茶水痕迹处。按照前面列具的方法反方向移出茶盘，撤场。有的水盂太大，不能放入茶盘中，可分两次，与茶巾一起取回。在茶艺结束后，用茶盘收回茶杯，茶艺结束，向品茗者行礼表示感谢。

直杯沏茶法中蕴含的茶艺美主要从三个方面来欣赏：

首先，欣赏干茶。观赏茶叶形态、制作工艺及茶叶的色泽，嗅干茶中的香气，充分领略了解茶的地域特性中蕴含的天然风韵。

其次，欣赏茶舞。用玻璃杯冲泡的绿茶，可以观赏茶叶在汤中缓慢舒展、变幻的过程。经过水的高冲后，茶叶有的徐徐下沉，有的快速直线下沉，还有的辗转徘徊；经过水的浸润后，茶叶逐渐展开芽叶，芽似枪剑叶如旗，有的茶叶如细细茸豪沉浮游动在茶汤中，富有生气。茶汤中水汽夹着茶香缕缕上升，观看茶汤颜色，黄绿、乳白、淡绿多姿多彩。

最后，欣赏茶汤。赏茶汤与品茶汤结合，细细品味茶汤，缓缓咽入。茶汤经过舌中味蕾体味，将茶的真香韵味沁入五脏六腑，使人神清气爽。第一泡茶，注重茶的头开鲜味与茶香。第二泡茶，茶汤正浓，饮后齿颊留香，身心舒畅。到第三泡，茶味虽已渐淡，却回味绵长。

②盖碗沏茶法

盖碗由杯盖、杯托、杯碗组成，盖为天、托为地、碗为人，寓意天、地、人三才合一，因此也被称为"三才杯"。盖碗一般用瓷质的，当然，紫砂材质的盖碗也是饮茶者们非常喜爱的品种。在瓷质的品种中常见的有青花、粉彩、珐琅彩等代表性的瓷器，其他单色釉的品种也拥有一定的消费群体。盖碗也有由玻璃、石玉、金属等材料制成的，由于现在人们冲泡名优茶时对外形的追求，玻璃材质的盖碗在当下流行起来。盖碗茶具的寓意及饮茶时表现的宇宙观，得到了饮茶者的特别喜好。用盖碗做主泡器，有四大功能优势：一是杯身上大下小，注水方便。二是杯盖隆起，盖沿小于杯口，使茶香凝聚；另外，杯盖还可以用来撇开浮茶，既不让茶叶入口，又可让茶汤徐徐沁出；杯盖还有保温的功效。三是杯托可以防烫手，也可以防止溢水打湿衣服，因此用盖碗茶敬客更显敬意。四是盖碗使用了瓷、玻璃等材料，致密性强，不串味，不吸味，使用、清洗、保养都很方便。

由于盖碗的以上特征，选择茶叶就有了一定的要求。盖碗沏茶法适宜香高的茶，杯盖有凝聚茶香的作用，因此用来沏茶香气浓郁的茶非常合适。盖碗还适宜冲泡中嫩绿茶。细嫩绿茶要用玻璃杯沏泡，中嫩绿茶用瓷质盖碗沏泡更有利于茶性的发挥。盖碗还适宜泡单芽茶，芽茶的沏泡温度太高会破坏叶绿素，温度太低又使芽茶难以沏出，因此需要适宜的沏泡温度。盖碗既能使芽茶在杯中的姿态更完美、丰满、茂密，又能保持原有的茶味。盖碗还适宜用于仪式化的茶礼。从直杯到盖碗，因为增加了盖，主泡器更加成熟一些，所以，盖碗沏茶法经常用于具有仪式感的茶俗茶礼，能显示出庄重、浓烈的情感氛围。

盖碗介于杯和壶之间，它的兼用性更强，因此在茶艺上，也能彰显它独特的个性。盖碗从杯底到杯沿，将光线收拢到一起，让欣赏者集中注意力赏茶。盖碗给人的感觉是精致的，它将茶艺也带进了这样的意境。

盖碗沏茶法的步骤是：

备具。杯盖反盖在杯口。

出具。将所用茶具摆出。

列具。整理茶盘，盖碗要仔细考虑杯盖放置的位置，留出空间。

赏茶。高档细嫩茶具有赏干茶的价值，可以有此赏茶的步骤。

温杯。用刚烧开的水把杯盖、杯碗烫淋一遍，能清洁茶具和提高茶具温度。用回旋法沿翻盖注水周旋两圈，从茶匙组中取出茶针，用茶针压杯盖翻盖，左手拇指、中指、食指提盖钮，翻正杯盖。用茶巾拭擦茶针湿处，将茶针放回匙筒。右手三指扶紧杯托取杯盖，待左手拇指与食指握住杯身，无名指与中指托住杯托后，右手三指拿盖钮，手腕转动两圈半。平移至水盂上方，水从杯口流出击拂杯盖流向水盂，右手拈住杯托放置在原来位置。

置茶。可以先赏干茶，然后将茶放入杯碗里。杯碗的容量大致比玻璃杯小一点，一般正规的茶水比为 1∶30。投茶量也可根据个人爱好灵活掌握，选择放置适量的茶。

浸润。用回旋法注入杯碗四分之一的水量，盖上杯盖。用右手三指取杯，左手三指接杯，捏盖钮，手腕水平轻摇两圈半，此时可闻浸润香，再放回原位。

高冲。提壶，从高处往杯碗口边冲入水，使碗里茶叶在杯中沉浮，促使茶叶露香。可用"凤凰三点头"的手法冲点，至碗身的七八分满，也可用"高山流水"法冲点，提起壶拉高至离碗口七寸左右，注水入碗中至七八分满。冲完盖上杯盖，以防香气散失。

出汤。冲水后立即加盖，浸泡1~2分钟后，压住杯盖，把杯碗中的茶汤倒进公道杯中，使茶汤浓淡均匀。第一泡茶的时间最短，以后的几泡茶慢慢延长浸泡的时间。

品茶。啜饮时，先闻后看再品。揭开杯盖一侧先观赏茶汤的色泽并闻杯盖上的留香，再闻汤中氤氲上升的香气，深呼吸充分领略茶的香气，这是"鼻品"。接着将杯盖半开，观察茶上下沉浮，及徐徐展开、渗出茶汁汤色的变幻过程，这是"目品"。在品尝茶汤时，将杯盖留一点缝隙，用杯盖拨动浮在茶汤面上的茶叶，小口使茶汤顺利啜入口中，茶汤在口中舌上停留，并使味蕾充分体味茶中蕴含的滋味，在细品慢赏后徐徐咽下，边饮边赏，能令齿颊留香，喉底回甘，神清气爽，心旷神怡，这是"口品"。

续水。在茶水剩三分之一杯时须续水。

收具。茶具回收整齐有序。

在我国民间还有一些具有浓郁地方特色的盖碗茶。

成都盖碗茶

盖碗茶是成都的特产。成都人的日常生活中都少不了盖碗茶，人们习惯早上喝盖碗茶清肺润喉，在酒后饭余喝盖碗茶消食除腻，工作疲劳时喝盖碗茶又能使人解乏提神，节庆假日里亲朋好友聚会时盖碗茶是不可缺少的饮品，甚至在消释邻里纠纷时也要喝一杯盖碗茶。成都盖碗茶，从茶具配置到服务格调都具有独特风格。茶具使用铜茶壶、锡杯托、景德镇的瓷碗，色、香、味、形俱佳，还可观赏到冲泡绝技。在茶馆中，堂倌右手握长嘴铜茶壶，左手卡住锡托垫和白瓷碗，"哗"的一声，茶垫脱手飞出，蜻蜓点水般注入一圈茶碗，无半点溅出碗外。这种冲泡盖碗茶的绝招，使人看了惊叹不已，成为一种艺术享受。

宁夏八宝盖碗茶

盖碗茶在宁夏有个特殊的名字"三泡台"，宁夏人民喜饮用盖碗茶。夏天喝一杯盖碗茶，解渴功效比吃西瓜更甚，让人舒畅无比。冬天，早起围坐于火炉旁，烤几片馍馍，吃点馓子，也要灌几盅盖碗茶。在宁夏，八宝盖碗茶老幼皆宜。回族的盖碗茶属调饮茶，茶叶是基础，还要加配料，配料名目繁多。

茶叶的选用因季节不同而不同，夏天用茉莉花，冬天用陕青茶，当然也有用碧螺春、毛峰、毛尖、龙井等名优绿茶。种类有冰糖窝窝茶，胃寒的人喝的红糖砖茶，需要保健喝的"八宝茶"，茶中还放白糖、红糖、红枣、核桃仁、桂圆肉、芝麻、葡萄干、枸杞等辅料。回族人泡盖碗茶先用滚烫的开水烫碗温杯，再放入茶叶及各种配料，冲入开水，开汤时间为2~3分钟。回族人把饮茶作为待客的佳品，走亲访友、订婚等喜庆场合均品盖碗茶。

③小壶沏茶法

小壶沏茶法的主泡茶具用的是紫砂壶。紫砂壶主产地在江苏宜兴，用紫砂陶土制成，最特殊、最有韵味的地方是壶面虽是陶土材质却隐含着若隐若现的紫光，这是紫砂壶与众不同之处，也由此带有一种质朴高雅的美感。成品具有特殊的粒子感，在细腻的外表下，仍能看见立体的粒子，因此得名"紫砂"。紫砂质地坚细，色泽沉静，制品外部不施釉，有自然平和的美感。紫砂材质的特殊结构，使它有良好的透气性。紫砂壶还有吐纳的特性，养壶是日常之事。小壶沏茶法常用的壶有侧把壶、提梁壶、飞天壶、握把壶等。侧把壶的壶把呈耳状，是小壶沏茶法中最为常见和常用的壶型。提梁壶的壶把在壶盖上方呈飞虹状，提梁中壶居多，主要用来沏泡红茶、普洱等茶品。飞天壶的壶把在壶身一侧上方，呈彩带状飞舞，对茶席的整体要求较高，不常见于茶艺之中。握把壶的壶把如握柄，与壶身成直角。握把小壶的使用会突出内敛含蓄的茶艺风格。

小壶沏泡乌龙茶因地区差异和茶具不同，沏泡方法也不同，如台湾功夫茶茶艺、潮州功夫茶茶艺。而以紫砂壶为主泡茶具的沏法，有壶盅双杯法、壶杯沏茶法等。

④壶盅双杯法

此沏茶法多用于乌龙茶的沏泡，从台湾兴起，是目前使用较多的沏泡方式。"壶盅双杯"中的壶和盅是指主泡壶和公道盅，双杯是品茗杯及闻香杯。壶盅双杯法相比于一般的小壶沏茶法，增加了闻香杯和公道盅，使茶艺的程序产生了变化，饮茶功能分解合理，过程规则突出明显，艺术观赏性强，得到了茶人的推崇。闻香杯容量与品茗杯不同，杯身较深，杯口较小，闻香杯只能用于闻香，不能做品饮使用。传统工夫茶冲泡法一是闻茶汤的香气，二是闻杯底香。闻香作为沏茶法的重要内容，专门设计了茶具来承担这一任务，是茶艺成熟完善的表现。闻香杯将茶的"香"气的特征给予充分发挥。而公道盅，容量与主泡壶相同或比主泡壶略大，风格及材质可以与主泡壶或品茗杯一致，也有茶人用玻璃盅来展示茶汤颜色。壶盅双杯法的流程有"选茶、备席、置茶、冲茶、醒茶、斟茶、品茶"等环节，并使用了描述性、拟人化的词语来讲解茶艺冲泡的过程。

准备程序。在这一环节中要完成选茶、备席、备具、候水等内容。确定了茶叶、茶具、用水、用火、场所，洗净所有器具后，茶艺师执行以下动作：

先烧水。在等候水开期间，准备其他茶具的出场与布置。将主泡壶、公道盅、品茗杯和闻香杯放置于双层茶盘上，双手均端双层茶盘的边沿，放在茶桌的纵轴上。奉茶盘上放置茶储、茶荷、茶匙组、杯托、茶巾、茶滤等辅助茶具，放至于茶桌左侧，取出茶储、茶匙组放在奉茶盘的前方，茶巾放置于烧水器的后方，茶滤置于公道盅的左侧。将茶盘上的品茗杯和闻香杯翻起，先翻起品茗杯，再翻起闻香杯。闻香杯因为较高些，不好平衡，所以后翻闻香杯才不易碰倒。赏茶，聆听水初沸声音的变化，等候。

接着是温壶烫杯。水沸后，用热水冲茶盘上的壶、盅、杯，提升茶具的温度：左手打开壶盖，右手注水于壶中至三分之二处，左手将壶盖盖上。右手拇指和中指握住壶把，注意不要堵住气孔，手腕转动两圈后提起小壶，注水入公道盅，拿起公道盅后手腕转动两圈，将水注入闻香杯。接着，从外向内相向依次拿起品茗杯，注水入品茗杯，食指、拇指握杯身，中指或无名指抵住杯底或杯足，将品茗杯转动起来。

置茶。

冲茶。用高冲的手法将热水注如壶中。

醒茶。高冲水注满小壶溢出片刻即醒茶，并将溢出的水沫轻轻刮去。另一种是右手冲水、左手握盖，加满水后，立即将壶内茶汤全部倒入公道盅，在公道盅内醒茶后将茶汤分别注入闻香杯和品茗杯。

沥泡。沸水高冲入壶，盖上壶盖后，再用沸水浇淋主泡壶来提高壶温，在内外热气的夹攻下，壶面会逐渐蒸干。

斟茶，即从主泡壶到公道盅，到闻香杯，到品茗杯倒茶的过程。左手置于公道盅上，右手执主泡壶垂直立起，将茶汤注入公道盅，手的位置要低。尽量将壶中茶汤滴干净。将公道盅的茶汤斟入闻香杯，斟茶时动作"稳、准、收"，尽量不要出现滴沥的情况。将品茗杯覆盖在闻香杯上，手掌朝上，右手食指、中指夹握闻香杯，左手接品茗杯身，两手翻转，右手收起扶持。三道茶以后香气渐淡，茶汤就直接分斟在品茗杯了。

奉茶。留一杯给自己鉴品，再端起奉茶盘，恭敬地将茶汤奉送给客人。

品茶，即品香、品茶、品艺。闻香杯的加入使乌龙茶的香气得到了完美的释放。右手拇指、食指握杯身，中指托杯底，端起品茗杯，赏看汤色，闻香气，品滋味，分三口啜饮。

⑤壶杯沥茶法

冲泡的茶若浓度太高，用腹大的壶茶汤就不会太浓，壶的材质要以紫砂陶为主，金属壶比紫砂壶耐热性强，也有使用。

置茶。这种泡法适合的茶是普洱茶，将普洱茶砖、茶饼撬拨开后暴露于空气中两周，再沥泡味道更好。普洱茶置茶量按茶水比的规则要求来放置。

瀹茶。用热水冲泡来将普洱茶醒茶，可以将茶叶中的陈香味道唤醒，还能将茶叶中的杂质洗净。醒茶速度要快，将茶叶表面杂质滤去即可。茶的浓淡选择依照个人喜好来决定，烹煮的普洱茶越到后面，香味越佳，因此用此法沥泡普洱茶能将茶的真味沥泡出来。

品饮。趁热闻香，感受陈味芳香如泉涌般扑鼻而来，用心品茗，啜饮入口，始得真韵，茶汤入口略感苦涩，但舌根产生的甘津送回舌面，满口芳香，甘露生津，是为"回韵"。

壶杯沏茶法还有五种常见的冲泡方法：传统式泡法、宜兴式泡法、潮州式泡法、诏安式泡法、安溪式泡法。

传统式泡法

传统式泡法茶具简单，泡法自由，是目前较流行的一种泡法。

备具、备茶、备水，选用的都是最简单也最普遍的装备。水壶一般用电或小煤气炉加热。泡茶人手中的器具，随泡茶增添，最省事的是只有一个茶叶罐。

烫壶。热水冲入壶中至溢满，使壶温度提升。

倒水。将烫壶的水倒净，从壶口倒出。

置茶。先放一个漏斗在壶口上，然后倒入，或者为方便省事起见，用手抓茶叶也可。

冲水。将烧开的沸水倒入壶中，泡沫要满溢出壶口。烫杯，可以保持茶汤温度，还可以用烫杯时间来计量茶汤的浓度。传统式泡法中的倒茶，是使用公道杯来分茶，在茶汤从壶中倒入公道杯之后，要先沿着茶池边淋一圈，这样做是为了使茶汤口味更中和，而茶汤滋味的浓淡要依靠茶艺师倒杯分茶的手法来控制，用公道杯倒茶不能一次将品茗杯倒满，要均匀地多次倒入才能令茶汤分配达到要求。

分茶。将公道杯中的茶汤倒入小杯，倒八分满。

奉茶。按奉茶礼的顺序依次奉给客人品饮。

还原。客人离去后，洗杯洗壶，茶具归位，以备下次再用。

宜兴式泡法

宜兴式泡法是融合各地的泡法，由陆羽茶艺中心整理及研究然后提倡的一套合乎逻辑的比较流畅的新式泡法。宜兴式泡法有专用的茶具——宜兴紫砂壶，在冲泡时水温的控制和熟练运用是最值得重视的特殊要求。这种泡法较适合品级较高的包种茶、轻火类的茶；焙火重茶使用此泡法，冲泡时间必须缩短。宜兴式泡法的操作步骤是：

赏茶。在宜兴式泡法中，茶叶入荷的方式不是一般的用手抓取，而是将茶叶罐中的茶叶直接导入茶荷中，更加清洁卫生并具有美感。

温壶。用半壶热水将壶身温热后，将水倒入茶池。

置茶。将茶荷中的茶叶倒入壶中，茶量为茶壶的四分之一。

温润泡。倒水入茶壶至满，盖上壶盖后立即将洗茶水倒掉，目的是让茶叶吸收热量和水汽，时间越短越好。

温盅。将温润泡的水倒入茶盅，温热茶盅。

沏泡。将热水冲入壶中冲泡约 1 分钟出汤。

淋壶。用热水在壶外身淋冲加热。

洗杯。茶杯倒放茶洗中旋转，烫热杯身后取出，置于茶盘。

干壶。用茶巾沾去壶底水滴。

倒茶。将茶壶中的茶汤倒入茶盅内。

倒杯。再将茶盅中的茶汤倒入品杯中，倒八分满。

洗壶。用水冲洗余渣，将茶渣倒入茶池。

潮州式泡法

潮州式泡法在冲泡过程中，泡茶者不说话，不受任何干扰，要求精、气、神三者具备，讲究的是一气呵成。潮州式泡法对茶具、动作、时间、茶汤都有极严格的要求。潮州式泡法独具风味。

备茶。操作过程中泡茶者坐姿端正，镇定有气场，将用来包壶的茶巾放在右边的大腿上以备用，擦杯的茶巾放在左边大腿上，另有两块方巾放置在冲泡茶的茶桌上。茶壶选用吸水性较强、能自由旋转的为最好，茶盅要用大的，杯子依客人人数来定。

温壶和温盅。用沸水烫壶，水分蒸发后倒入盅内，盅内的水不倒掉。

干壶。一般高级茶用湿温润，潮州式泡法则用干温润。先拿壶在右边大腿上的茶巾拍打，水滴擦尽之后，再甩掉壶中的水，直到壶中水分完全蒸发为止。

置茶。潮州式泡法的置茶，是直接用手抓茶，这样可以判断其干燥程度，置茶量为壶的八分满。

烘茶。烘烤能使粗制的陈茶霉味消失，使茶有新鲜感，香味更加上扬，茶的滋味迅速溢出。

洗杯。烘茶时将茶盅内的水倒入杯中洗杯。

冲水。烘烤茶后，把壶提起，用右边大腿上的茶巾包住茶壶，摇动茶壶使壶内温度均匀，然后将茶壶放入池中冲水。

摇壶。这个步骤是在热水将壶冲满之后，按住茶壶的小气孔，将壶快速提起摆放在桌面刚才准备好的茶巾上，用力将壶快速剧烈地摇晃，但切记摇壶不能无目的地乱摇，要有规律和顺序，第一泡时要摇四下，第二泡时摇三下，第三泡时摇两下，这样分别按顺序逐渐减一下，如此操作是为了使茶汤中的浸出物和茶汤的浸出量能够平均，使茶汤口味均匀。

最后的程序是倒茶。用茶巾按住壶孔进行摇晃后，便要立刻将壶中的茶汤倒入茶杯中，立即出汤能保持茶的香味。

诏安式泡法

诏安式泡法的特色在于用纸巾分出茶形和洗杯讲究方法，这种泡法适合泡焙火重的茶。冲泡方法为：

用具。用具有单孔紫砂壶、壶杯、茶盘、布巾、纸巾。

备茶具。把壶放在45°斜角位置，将布巾折叠整齐，纸巾放在茶艺师冲泡的习惯位置，茶盘在壶正前方的位置。

整茶形。诏安式泡法用的泥壶不需要过滤网，而用单孔壶冲泡。因为是用陈年茶冲泡，茶渣较多，因此需要整形。把干茶放在纸巾上，折合好后轻抖，将粗细茶叶分开，整理好茶形后，放在桌上，请客人欣赏。

热壶热盖。诏安式泡法烫壶时，盖斜放在壶口，壶与盖一起烫。

置茶。把烫壶的水倒掉，盖放在杯上，壶身水汽干后，将茶放入壶中。

置茶时，尽量将细末倒在低处，粗的干茶倒进流口，可以避免阻塞。

冲水。冲水量为泡沫满溢壶口为止。

洗杯。诏安式泡法所用茶杯极薄极轻，洗杯时要将杯子放在小盘中央，每杯中各注入三分之一水，双手迅速将前面两杯水倒入后两杯中，动作要利落灵巧，运用自如。泡茶的技术水平高低是通过洗杯动作来判定的。

倒茶。诏安式泡法在倒茶时要轻斟慢倒，不缓不急，倒出的茶汤第一杯留给自己，是因为第一杯含渣概率可能较大。以三泡为止，因为焙火较重的茶，三泡之后，香味就散失殆尽了。

安溪式泡法

安溪式泡法适合冲泡铁观音、武夷岩茶之类的轻火茶。安溪式泡法，重香、重甘、重淳，具体步骤为：

用具。用具有紫砂壶、闻香杯、品茗杯、茶池、方巾等。

备茶具。茶壶的要求与潮州式泡法相同。但安溪式泡法是烘茶在先，另外再准备闻香高杯。

温壶、温杯。温壶的方法与潮州式泡法一致，温杯时内外都要烫。

置茶。置茶也与潮州式泡法一致，也是用手抓茶，茶量为半壶左右。

烘茶。安溪式泡法的烘茶时间比潮州式泡法的时间短，这是因为所冲泡的高级茶一般保存都较好。

冲水。冲水后大约5秒钟立即倒出茶汤。

倒茶。不使用茶盅倒茶，而是直接将茶汤倒入闻香杯中，倒法是第一泡倒入三分之一茶汤，第二泡再倒入三分之一，第三泡则将茶倒满。

闻香。将品茗杯与闻香杯一起放在客人面前，客人如果没有闻香习惯，倒换另一杯。

拌壶。倒第一泡茶汤与第二泡之间，将壶用茶布包裹，用力摇三次。每泡之间都摇三次，如果是九泡茶，总共要摇二十四次。安溪式泡法使用的杯与壶，必须是泡茶者自己挑选搭配的，用起来才得心应手。

第三节　古朴美：茶之器具

"水为茶之母，器为茶之父"，这句话形象地说明了茶具的重要性。好茶需好器，茶具不仅是冲泡好茶的关键，也是茶道文化的重要组成部分。茶具最早的记载是西汉王褒《僮约》中的"烹茶尽具"。我们可以看到，在西汉末年，茶具就已经出现并得到使用了。在中国茶文化发展的浩瀚历史长河中，茶具也随着朝代的变迁而不断地更新、变化、进步、发展。

（一）唐茶具

唐代是我国茶文化发展历史上的鼎盛时期。唐代国力强盛，社会安定，经济繁荣，茶饮之风也随之繁盛普及。在举国盛行饮茶这样的大氛围的影响下，人们对喝茶专用的茶具的需求也日渐迫切起来，由此有了专门的茶具。在唐代以前，没有专用的茶具，喝茶时所用器皿与食用、药用、饮酒的器皿是混合使用的。从唐代开始，中国茶具首次从食器、酒器中分离出来而自成一个体系，这是茶文化发展进步的标志，并为品茶文化的进一步推动和发展打下了坚实的基础。因此，唐代对中国茶具文化的形成和发展，是功不可没的。而在唐代最早介绍茶具的，还是茶圣陆羽。

陆羽在《茶经·四之器》里，不惜笔墨，用数千字详细叙述了数量多达28种的一整套饮茶用具，精致、详细、复杂、专业。这套纷繁复杂却又在当时风行一时的茶具，成为我们了解唐人品饮习俗和饮茶文化不可多得的材料。陆羽描述的这套茶具，按作用功能主要分为如下几类：

1. 风炉

风炉是煮茶烧水用的。《茶经》中介绍的风炉，造型别致，三足两耳，与鼎的造型相似，但比鼎要轻巧实用许多，可放置在桌上。炉一般用铜或铁铸造，炉内还有六分厚的泥壁，用来提高炉温。风炉的炉身开了可通风的洞，炉内有三个支架，用来放煮茶的鍑，支架上铸有"巽""离""坎"等符号。陆羽设计的这个鼎型风炉十分便于使用而大受欢迎，在唐代的上流社会阶层流行甚广。风炉是烧水用具中的主角，还有一些辅助性工具：筥，是用竹片或藤条编成的箱子，用来盛放烧水的木炭；炭挝，是长度为一尺的六角形铁棒，用来捅炭火使火烧得旺盛；火筴，就是用铁制成的火筷、火钳，用来夹烧红的木炭。

2. 鍑和交床

鍑也是煮水器，与一般的煮水器有所不同的是，其形状是方耳、阔边、平底。鍑是用来煮水煎茶的主要器具，它的容量在4~5升，体积较小，分量较轻，便于移动，不足之处是其为釜式大口锅且无盖，这种设计对清洁卫生、保温性能及茶汤香气挥发都有所不利，这种缺陷也成为一种无法弥补的遗憾了。

交床，是十字交叉的支架，中间剜了圆孔，放在煮水器上用来支鍑。

3. 夹、纸囊、茶碾、拂抹、罗合和则

夹的长度为一尺二寸，是烤茶时为了增添茶的香气而使用的器具，多用小青竹制作而成，但竹的使用寿命较短，后来又演变到用精铁熟铜打造。

纸囊，是用来贮存烤好的茶饼，使其香气不易散失的用具，用厚而白的藤纸缝制而成。

茶碾，内圆外方，是木制的，里面放一个碾轮，直径为三寸八分，中间有长九寸、宽一寸七分的轴，科学的设计，使碾茶更省时省力。茶碾完后，用羽毛制成的拂抹来清扫茶碾。茶碾成细末后，还要经过罗才能变得细而匀，罗也就是罗筛，合是盒子，这两个工具都是用竹子制成的，罗过的茶放在合里收藏待用。则是一种量具，用来量茶，最早用海贝、蛎、蛤之类的壳充当则使用，后来逐渐被铜、铁、竹材质的取代。

4. 水方、漉水囊、瓢、竹夹和熟盂

"水为茶之母"，在《茶经·四之器》中，陆羽着重介绍了五种盛水、滤水、搅水和取水的器具，即水方、漉水囊、瓢、竹夹、熟盂。茶汤的质量与水，以及盛水、煮水的器具有着密不可分的关系，对于茶长期有着深入了解的陆羽，对泡茶的水质非常重视，他在《茶经·五之煮》里不厌其烦地对泡茶的水质和盛水、取水的用具详细描述，我们可以看出他对水质的科学态度，在今天仍然具有非常宝贵和科学的借鉴意义。

5. 鹾簋和揭

唐代以前，甚至在唐代初期，人们饮茶时常有加姜、盐等调味品的习惯，至今仍有一些地区有芝麻茶、盐茶等习俗就是这种品饮方式的延续。因此，在当时盛行这种品饮方法的背景下，鹾簋与揭作为盛盐和取盐的用具，在茶具中也占有不可取代的一席之地。

6. 碗和札

碗是当时人们用来喝茶品茶的，相当于现在的品茗杯。札，是用茱萸木夹棕榈纤维捆紧而成的刷子，整体呈毛笔形状，在冲泡时可做调汤的用具。

7. 涤方、滓方和巾

涤方类似于水方，是用来盛洗茶、洗杯的废水的。滓方的使用方法和水方一样，是用来盛放冲泡后多余的茶渣的。巾即茶巾，一般有两块，用粗绸布制成，用来擦拭各种茶具。

8. 畚、具列和都篮

畚，大都用白薄草卷编而成，用来放置茶碗，容量较大，可放十只茶碗。

具列，是用竹子或木头制成的床形或架形小橱，可以用来收藏和陈列全部茶具。

都篮，用篾编制而成，用来盛放所有茶具，与具列相比，更便于携带使用。

陆羽设计、制作的这套完整的茶具，程序完整复杂又古朴典雅，对瓷器、竹木材料坚而耐用、雅而不侈的要求，充分体现出了陆羽对茶具的要求：既要美观大方，又不能损害茶的本质特点。这套茶具在当时备受欢迎，并成为喝茶的必备用具，其美观大方、经济实用的特点，一直为后人效仿。而唐代作为茶文化发展的鼎盛时期，瓷质茶具也开始大量生产，出现了各类窑场在全国遍地开花、争奇斗妍的繁盛局面。全国享有盛名的窑口有越窑、鼎州窑、婺州窑、岳州窑、寿州窑、洪州窑和邢州窑七处，但在产品产量和质量方面，越窑青瓷一直都是其中的佼佼者，领先于其他品种。

越窑的产地分布在今天浙江省的绍兴市上虞区、宁波市鄞州区、余姚市等地的曹娥江中下游、甬江流域的广大地域范围内。越窑是我国古代著名的青瓷窑，以生产青瓷而闻名。由于当时陆羽的煎茶法的茶汤色泽与青瓷十分相衬，青瓷茶具在唐代盛行开来。唐代的越窑茶具主要有碗、瓯、执壶、釜、罐、盏托、茶碾等多种。

碗的造型主要有花瓣式、直腹式、弧腹式等，是唐代最流行的茶具。形状多为收颈或敞口收腹。到晚唐时，制瓷工匠们创造性地把自然界的花叶瓜果等物糅合进制作工艺，保留了植物最动人、最形象的造型，在制瓷业中使用，设计出了葵花碗、荷叶碗等形态各异的精美茶具，深受茶人们的喜爱。

瓯在中唐以后出现，是当时风靡的越窑茶具中的创新品种，从形态上来看，它是一种体积较小的茶盏。

执壶在中唐以后才崭露头角，是早期的鸡头壶改良发展而来的。执壶又名注子，这种壶大多为侈口，高颈，壶腹椭圆，浅圈足，流长嘴圆，用泥条黏合的把手在与流相对称的另一端，壶身还刻有花纹或花卉及动物的图案，有的还篆刻铭文，标注了主人及烧造日期。这些茶器在后来发掘的越窑遗址中都曾有出土。

茶杯、盏托、茶碾等茶具，越窑中也有发现，这些瓷器在釉色、形状和彩饰上高超的制作水平，都很好地体现了当时越窑的制作工艺和烧造水准。

越窑青瓷在唐代独领风骚，深受国人喜爱。除了在烧造技术方面具有高超的水平及艺术欣赏方面具有清新雅致的风格，还与当时陆羽所推崇的饮茶方式分不开。而以素面无图案花纹为主的越窑发展到五代，其地位日益举足轻重，当时的官府垄断了越窑的大部分产品，成为中国最早的官窑。官窑大多烧制贡品，最著名、最名贵的是"秘色瓷"，因胎体薄，胎质细腻，造型规整，釉色青黄如湖绿色而驰名天下。

除上述介绍的越窑外，唐代还有六大著名窑口，分别是：

邢州窑，在今河北省内丘县，邢州窑以烧白瓷闻名，瓷胎薄，色泽纯洁，造型非常轻巧精美。陆羽对邢州窑瓷器有以其色泽雪白而"类银""类雪"的赞誉。而"圆如月，薄强纸，洁如玉"是当时对邢州窑瓷器的普遍而形象的描述。

岳州窑，在东晋时称湘阴窑，位置在今湖南省湘阴县的窑头山、白骨塔和窑滑里一带。岳州窑的产品釉色青黄，胎骨灰白，由于陆羽赞叹它"青则益茶"而被称为第二瓷器。

鼎州窑，是宋代名窑耀州窑的前身，主要生产青瓷，还兼烧黑釉瓷器，地址在今陕西省铜川市黄堡镇。

婺州窑，在今浙江省金华一带的兰溪、义乌、东阳、永康、武义，以及衢州市衢江区、江山市等地区。婺州窑，在初期由于产品胎釉结合的技术较差，容易剥落是其缺陷。这种质地和器型受越窑影响较大，不同的是胎色呈深灰或紫色，釉色中有青黄或泛紫，还带有奶白色的星点。

寿州窑，制作的主要产品有碗、盏、杯、注子等。窑址在今安徽省淮南市的上窑镇、徐家圩、费郢子和李嘴子一带。寿州窑产品胎体厚重，胎质粗松，釉色以黄为主，其中著名的代表产品为"鳝鱼黄"。

洪州窑，烧制的主要产品有碗、杯、盏托、碾轮等，其中又以生产茶碾轮和盘心圈状凸起的盏托著称。位置在今江西省丰城市曲江、石滩、郭桥、同田乡一带。釉色有青绿、黄褐和酱褐，洪州窑的压印、刻剔、镂孔和堆贴等烧造技法非常高超，其产品是当时朝廷指定的御用贡品。但是所产青瓷茶具由于瓷褐而茶色黑，因此被陆羽排在六大名窑的最后一位。

留存至今的唐代茶具中，最震撼的是 1987 年 4 月在陕西省扶风县法门寺地宫中出土的一套唐代宫廷茶具，这是我国首次发现并挖掘出来的迄今为止最全、最高级的一套唐代专用茶具，由此我们了解了唐代宫廷茶具的真实面貌。这套金碧辉煌、奢华大气的金银、琉璃、秘色瓷茶具，是迄今为止我国乃至全世界仅存于世的一套唐代宫廷茶具实物，距今已有1100余年的历史。茶具的发现，对于我们研究唐代宫廷茶具及中华茶文化的发展都有重要的意义。茶具还附有明确的錾文及《物账碑》。在《物账碑》中记载着："茶槽子碾子茶罗子匙子一副七事共八十两。"从錾文我们了解到，茶具为唐懿宗咸通九年（868）至十年（869）制成，在鎏金飞鸿纹银则、长柄久和茶罗子上还篆刻着"五哥"两字，"五哥"即唐懿宗的第五个儿子李俨，也就是后来的唐僖宗，可见，这些器物为僖宗所有，其真实性毋庸置疑。从出土的实物看，此茶具中的"七事"是指茶碾子、茶轴、罗身、抽斗、茶罗子盖、银则和长柄久。另外，除这些精美的金银茶器外，还有部分琉璃质的茶碗和茶盏及盐台、洁器等，这都表明地宫中供奉的这套唐代御用茶具已配套且非常完整成熟。

总而言之，唐代茶具是从简单质朴走向了繁杂精致。陆羽的《茶经》是专门茶具的开端，宫廷茶具的精致完善，使茶具朝着质地精良、制作精巧的较高层次转化，而民间的茶具在当时蓬勃发展的各地产瓷名窑的支持下异彩纷呈，陶瓷茶具逐渐成为茶具群体的主流。随着品饮方式和习惯的改变，茶具追求的凝重古朴的色彩逐渐变淡，而茶具中蕴含的多姿多彩、丰富繁盛的文化向我们展示着唐代茶文化的辉煌历史。

（二）宋茶具

宋代的饮茶风格非常精致。经过了唐代民间的普及和宫廷贵族的积极参与，到了宋代，品饮文化得到了飞速发展，进入了鼎盛时期。茶文化在高雅的范畴内，得到了更完善、更丰富的发展，茶也成为人们日常生活的必需。纵观宋朝数百年的历史，整体社会经济发达、文化繁荣，但政治腐败、军事落后，内忧外患不断。北宋被灭，至南宋时，到了要偏安一隅才能保住平安、苟延残喘的境地。此时国人的心态，由前朝的外向型转为内省型。消极颓丧、不甘现状却又百般无奈的人们，急于宣泄内心的苦闷，将争强好胜的心理投向了品茗饮茶。在此背景之下，一种颇具特色的文化现象——斗茶衍生出来，举国上下，无论朝廷还是民间，上至帝王将相、达官显贵，下至文人墨客、平民百姓，无不以斗茶为能事，尤其在文人雅士阶层，更是自娱自乐，乐此不疲。

斗茶起源于福建，是一种茶叶冲泡艺术，也是一种茶人间切磋茶艺的游戏，最早是比较茶叶品质高低的方法，应用于朝廷贡茶的选送和价格的竞争，所以有着浓郁的竞争色彩，也被称为"茗战"。宋人斗茶，着力点在"斗"字，人们从斗中寻找乐趣，在斗中放纵自我、发泄苦闷、平衡心理。一些士族在处理完日常行政事务的闲暇之余，也参与这种茶道文化。人们热衷于斗茶并趋之若鹜的心绪，成就了宋代的奇珍异器，推动了宋代茶艺的整体发展。斗茶，把原本名不见经传的建窑茶具推到了辉煌灿烂的顶峰。宋人斗茶，有三个标准：首先要看茶面汤花的色泽及均匀度。汤花要求像白糖粥冷却后凝结成块的形状，俗称"冷粥面"；汤花必须均匀，要像粟米粒那样匀称，是为"粥面粟纹"。其次看茶盏内沿与汤花相接之处有无水痕。汤花保持的时间长，紧贴盏沿而慢慢散退的为佳，称为"咬盏"。汤花散退，盏沿有水的痕迹，叫"云脚涣乱"，而先出水痕的，则算斗茶失败。再次要品茶汤，观色、闻香、品味，色、香、味俱佳，才能取得最后的胜利。宋代茶人对茶汤汤色的要求非常高，推崇纯白色为上等，青白、灰白、黄白等色为次品。为了在斗茶中便于观色，茶盏要使用黑釉茶具，因此，建盏成了当时最受推崇和欢迎的茶具。

建盏产地在建窑，位于建州，今福建省建阳市水吉镇的后井村、池中村一带，最早开始烧制是在唐末五代。早期的建窑多烧造青黄釉瓷器，品种有碗和盏等。到了北宋，建茶名声大振，斗茶盛行之后，建窑开始创烧闻名天下的茶具珍品——黑釉盏，也就是建盏，即"建黑""黑建"或"乌泥釉""乌泥建"。当时，有日本僧侣到浙江径山寺修行，归国时将中国的建盏带回，风靡整个岛国。据传，日本人对建盏喜爱尤甚，不惜重金搜求被他们称为"天目碗"的建盏，并用金银缘其边，异常珍爱。

建盏的品种单一，除各式茶盏之外，器形中只有少数的高足杯和灯盏等器具。从形状来看，有敞口、敛口及盅式三种，而其中又以中型敞口、敛口及小型中盏最为常见，这些款型是建窑黑釉盏中产量最多、最常见的品种。建盏的瓷胎是乌泥色的，釉面呈条状或鹧鸪斑状。釉面上有细长似兔毫的条纹的称为"兔毫盏"；釉面有大小斑点相串，且在阳光下呈彩斑变幻的是"曜变盏"；釉面有银色如水面油滴小圆点的是"油滴盏"。建盏之所以呈现出形态各异的花纹图案，是因为产地建州的土质含铁量多，烧制过程中，铁质因胶合作用浮出黑釉表层，而冷却时又发生晶化，因而形成了极细的结晶。这种结晶呈现出紫、蓝、黄、绿等多种色彩，时时闪烁变化。在茶汤注入茶盏后，茶盏更加五彩缤纷。更为难得的是，这种花纹是在窑变中天然形成的，并非人为制造的，因而尤其珍贵。

建盏的设计制作非常符合斗茶的需要。盏底小，斜壁，下狭上宽，这使茶汤易干且不易在盏壁留渣，茶的香味散发充分，茶汤过夜不馊。在盏口沿下有一条明显的折痕，称为"注汤线"，这条线是专门为斗茶者观察水痕而设计的。这种贴心专业的设计，方便判定斗茶的胜负，好坏一目了然，深受斗茶者喜爱。建盏的外观设计也非常具有实用性。敞口，呈翻转的斗笠形，盏口面积大，这样在注汤时，便可以容纳更多的汤花，并使汤花在短时间内不容易消退。

在建盏中，兔毫盏是首创产品，又是经典代表作，因此在宋代享有很高的声誉。宋代兔毫盏的产量较多，至今仍经常发现兔毫盏的文物或残缺瓷片，但建盏中"曜变盏"和"油滴盏"这两种是绝世精品，现在存世极少，特别是"曜变盏"，由于制作成品率太低，在建窑原有的窑址也还未发现，流传于世的仅有四件佳作，皆收藏于日本，理所当然地成为国宝级的珍贵文物。宋代建盏中，兔毫盏极受士族阶层的推崇，文豪雅士均不吝笔墨，极力赞赏。文人的大肆宣传，使建盏成为茶人竞相追捧的茶具，并随着文化交流，享誉海内外。

建盏的风光盛行，也带动了当时全国整个黑釉瓷窑口茶具的生产。江西吉安的吉州窑黑釉盏，在此影响下也受到茶人的普遍欢迎，但在烧造工艺和胎土差异上，与建盏的差距比较明显，不能相提并论。但是吉州窑黑釉盏具有的独特风格特点，又在一定程度上弥补了自身的不足。比如吉州黑釉盏在黑釉上再施黄白色釉的烧制方法，使茶盏上呈现出了玳瑁的花纹样。还有用毛笔彩绘出各式纹样，巧夺天工般用天然树叶贴在坯胎上烧成"木叶天目"茶盏等做法，都是建窑产品的技术所无法比拟的创新。

建窑在中国陶瓷发展史上的地位是不可复制的，而以斗茶为中心的建盏，随着朝代的更迭和历史的发展，不可避免地经历了从盛转衰的过程。

宋代的茶具与唐代追求的自然质朴相反，走向了一个纷繁复杂的极端，变得非常讲究。由于受皇室的影响较大，或多或少有着"贵族范儿"。在使用茶具时，不仅对茶具的功用、外观和造型有很高的要求，而且看重茶具的材质，从前朝的陶土或瓷器，发展为名贵的玉、金或银，日趋奢侈。在宋朝的大量诗文中都有关于茶具的记载，说明了金银茶具在宋代的普及。而近年来在福建出土的许峻墓中的宋代茶具，也为我们提供了难得的实物资料以印证茶具的奢华程度。生活富足、政治腐败、文化蜕变、国威颓废，都是造成宋代茶具、茶艺追求富丽豪华的重要原因。宋人自己也意识到了这一方面的问题，因此有志茶人在极力追求茶具的精巧豪华之余，针对点茶、分茶大行其道的社会文化现象，对茶器进行了一番改造：

首先，创制了茶筅，也就是竹帚。茶筅源于斗茶，是宋代留给中国茶的创新发明，用于在煎茶后、分茶前搅动茶汤，只有厚重的茶筅才能搅动茶汤，使汤花密布，那样分茶后汤花不易消散。这种毫不起眼的竹制小物，很快传入日本，并深受日本茶人的推崇喜爱，融进了日本茶道之中，直到今天。

其次，在煮水器方面有所改变。唐代风行一时的镀在宋代时已经基本消失，小巧精致的铫、瓶成为煮水用具的主流。

最后，宋代的茶瓶一般都是鼓腹细颈、单柄长嘴，而不像唐代的煮水器外形臃肿庞大，这一点在宋代出土文物中已得到验证。用这种长嘴的茶瓶注水，更容易控制水流，也更利于斗茶者技艺的发挥。

宋代茶具的发展脉络，是以当时盛行的斗茶文化为中心的。从品饮艺术的角度来看，宋代比唐代更为发达，茶事十分兴旺，民间普及程度与茶艺的专业化程度都比唐代要高。但也正因为如此，宋代的茶艺走向了繁复、琐碎和奢侈，也使宋人失却了恬静和清雅的心态，却更多地流于世俗，争名逐利。在表面风光、崇尚奢华文化的深刻影响之下，原本具有实用性与观赏性的茶具，逐渐失去了它应有的本色功能，进而沦落为士族权贵们斗富炫技的替代品。失衡的心态，不可避免地步入了误区，同时也使茶具艺术的发展走入了歧途。但是，宋代的茶具并非一无是处：以品饮艺术推动茶具的生产和发展，创作生产了众多的茶具精品，也给我们留下丰富多彩的文化和珍贵遗产。宋人把斗茶引入品饮艺术中，充分继承和发扬了唐人的煎茶法，并顺应时代变革发展做了较大改进。于是，点茶在这样的文化背景下应运而生。这种与唐代茶道基本精神背道而驰的技艺，最大的特点就是将品茶艺术演变成了玩茶游戏。

点茶到北宋时期逐渐发展成熟。蔡襄编著的《茶录》为点茶奠定了基础。随着品饮方式的改变，唐代的煎茶法由于烦琐复杂而开始走下坡路，新兴的点茶法成了时尚。宋人对唐代煎茶法的重大改进就是煎水不煎茶。他们先将碾过的茶末放入茶盏，注入开水后调成糊状，使茶如浓膏油，称作"调膏"，随后再注入沸水煎茶，即可点茶了。点茶是斗茶技艺中最见技术功底的技艺，斗茶的成败，全在此间。点茶是在茶盏中注入开水的同时，用茶筅击打和拂动茶盏中的茶汤。宋徽宗赵佶认为，点茶的诀窍在于要全力避免"静面点"和"一发点"。"静面点"，是指茶筅击拂无力，或茶筅打得太轻巧，无法击透茶汤，不能形成泛花局面。但如果分寸把握不好，击拂过猛，茶汤还没有形成"粥面"就已消失殆尽，这样注水击拂一停，就会出现水痕，汤花不存在，这就是所谓的"一发点"。由此可见，点茶是艺术性与技巧性紧密结合的高超技艺。

北宋末年的分茶游戏，也称"茶百戏""水丹青"，是为当时文人雅士们所津津乐道、非常热衷的饮茶活动。分茶，有着谦谦君子之风和文人气息。分茶是在击拂后将盏面汤纹水脉的线条、多彩的茶汤色调、富于变化的袅袅热气，经过茶人的技艺，组合成一幅幅画面，有山水云雾，有花鸟虫鱼，有林荫草舍等。善于分茶的人，可以根据茶碗中的水脉创作出变幻莫测的书画图案。宋徽宗赵佶就是分茶高手，在宣和二年（1120）他在群臣面前亲自煮水煎茶，注汤击拂，妙手丹青，绘制出了一幅"疏星朗月"的图案，令在场的众臣叹为观止。皇帝与百姓们都沉湎于精彩纷呈、回味无穷的点茶、分茶与斗茶的游戏中，由此，一批具有鲜明的宋朝时代特征的茶具开始登场。在整个宋代茶具发展的历史中，烹点茶器占据主流位置，数量众多，品种各异，且做工十分精致考究，非常符合斗茶的需求。在点试斗茶的过程中所需要使用的烹点茶器主要有以下几种：

1. 茶碾

宋代较之唐代的制茶方法有所改进，饼茶中的胶质比唐代的更浓，陆羽在《茶经》中推荐的木质茶碾不适合用于宋代茶饼的碾压。因此，宋人对茶碾进行了改造，除了质地要选用坚硬的外，造型上还要求槽深而峻、轮锐而薄，使用起来才方便耐用。这样，金属茶碾、石质茶碾、瓷质茶碾逐渐取代了木碾的地位，成为主流。

2. 茶臼

茶臼是用来捣碎饼茶的。唐代的茶臼大多规格较大，有石质及瓷质等多种。宋代因斗茶盛行，斗茶者都备有一套茶具，以便自点自饮，茶臼规格逐渐变小，制作也日趋精巧考究。因其体积小、重量轻、便于随身携带，而深受茶人喜爱，平民及士大夫们都喜欢用。从江西赣州七里镇窑出土的文物可以看出，其大小与茶盏近似，胎质异常细密，造型非常规整，在茶器外壁常施有黑釉或酱褐色釉，内壁落脱处布满了简单或复杂的刻画线条。同时，我们在一些出土的宋元墓葬壁画里也常见到用茶臼碾茶的场景，这说明茶臼在宋代的使用也相当广泛。

3. 汤瓶

宋代点茶盛行，为了使茶性得到较好的保存，煎水的重要性就突显出来了。宋代要求煎茶只煎水。唐代颇为风光的鼎因此逐渐被废弃，取而代之的是小巧玲珑的汤瓶和铫。由于汤瓶的瓶型小，在煎水时如像唐人那样靠目测就非常困难了。为了更好地煮水，宋人发明了另一种辨别水沸程度的绝妙方法——听声法。宋代汤瓶在造型上有共同特点：瓶口要直，注汤才会流畅有力。宽口、长圆腹，口宽便于观察汤，还能增强汤瓶内水的压力，利于茶性的发挥。而腹长能避免烫手，并有效地控制汤的流量，使注汤准确无误不洒出。

4. 茶盏

宋代茶盏在造型和制作工艺上做了较大改进。在唐代以汤绿为贵，茶碗崇尚青瓷；宋代以后，斗茶以茶汤纯白为贵，为了体现出茶汤色泽，茶盏开始用黑釉，因此建窑黑釉盏取代了越窑青瓷碗，并独占鳌头达三百余载。由于斗茶的评审要求，唐代敞口浅腹的茶碗已经不符合要求，取而代之的是口微合、腹深、底宽、足小的茶盏，茶瓶的坯体厚、质地粗松，则更便于保温。宋代的茶盏还有一个特别的地方，就是从茶盏内壁口以下内收一阶，这样就在口沿内壁形成了一道较宽的凸边，这与宋代的点茶有着紧密的联系。在黑釉盏独放异彩的氛围中，其他类型的茶盏如青花、白瓷等，也相继登场，在宋代茶具中绽放光芒，丰富并充实了整个宋代茶具的发展。

5. 茶筅

茶筅是点茶时的辅助工具，前面已经介绍过。大多用老竹制成，要求材质以厚重为佳，便于充分搅动茶汤，产生泡沫。

纵览宋代茶器，在制作生产上除了独领风骚的建窑以外，全国最著名且最有代表性的窑口还有五处：官窑、哥窑、定窑、汝窑、钧窑。这几处名窑生产的茶具，再加上建窑，占据了全国茶具的半壁江山。

官窑，宋代著名的官窑有两个：北宋河南开封官窑和南宋浙江杭州官窑。这里所指的是南宋杭州官窑，在中国五大名窑中位居首位，是由官府烧造瓷器而得名的。南宋在迁都临安（今浙江省杭州市）后，在万松岭建造了修内司官窑，在乌龟山八卦田建了郊坛下官窑。南宋官窑的瓷器是世界碎纹釉瓷艺术的开山鼻祖，专门烧造供达官贵人使用的艺术瓷及日用瓷，它既继承和发展了唐代越窑青瓷茶具的优良传统，又结合了宋代品饮艺术风行的现实情况，使产品从原来的薄釉青瓷进化发展为厚釉青瓷，且胎体绵薄，造型规整，釉色晶莹剔透，纹样雅致秀丽。在工艺上精益求精，有的精品的坯胎厚度仅为釉层厚度的三分之一，在装饰艺术上改变了以往在产品上刻花、印花或彩绘的琐碎风格，创造性地运用了"开片"和"紫口铁足"等技术手段，并独创了别致的碎纹艺术釉，这种创新技术的运用，比国外早了600多年。独树一帜、风格独特的官窑瓷器一经问世，就受到了世人的赞叹，得到了极高的声誉。

哥窑是龙泉窑的重要组成部分之一，其窑址位于浙江省西南部龙泉市境内。相传在宋代时，龙泉就有造瓷人章氏兄弟，很好地继承了越窑的传统，并不断吸收官窑的先进技术，烧造的瓷器质量极高，在釉色和造型上都有非常高超的水平。因二窑是兄弟二人所造，所以又被称为"哥窑"和"弟窑"。哥窑创烧始于五代，南宋时达到全盛状态，以烧制青瓷精品而闻名天下。烧制的产品胎薄质坚，釉层饱满，色泽以灰青为主，粉青最为名贵。用纹片装饰，纹片形状多样，大小相间，有"鱼子纹"，有冰裂状的"百圾碎"，还有蟹爪、鳝鱼、牛毛等多种纹样。这是在烧造过程中自然形成的纹形，成为一种别具风格的装饰艺术，哥窑以其天然真实的风格受到大家的喜爱。与哥窑有着密切联系的弟窑，也因瓷器造型优美、胎骨厚实、釉色青翠而著称于世，釉色中以粉青、梅子青为上佳精品，其"釉色如玉"的效果，至今世上无人可与之匹敌。这种艺术境界，是瓷工艺人所终生追求的目标，由此我们可以想象弟窑在中国陶瓷史上所占的地位。

定窑在今河北省曲阳县的涧磁村、燕川村，因为此地古代属定州管辖而得名。定窑在唐代开始烧制，以烧制白釉瓷为主，同时还兼烧黑、酱、绿釉等瓷器。定窑到北宋时发展达到极盛的状态。它采用一种特殊覆烧技术来烧造瓷器，这与全国各地普通的烧制方法有着天壤之别，后来宋都南迁，这种烧制方法对江南地区特别是江西的瓷器烧制有着深远的影响。定窑的产品胎薄釉润，造型优美，花纹繁复，在器皿上多用刻花、印花的装饰手法。在北宋后期，定窑还为朝廷、官府烧造瓷器，在瓷器底部刻上"官"或"新官"等款字。但是到元朝初期，定窑就全面停烧了。

汝窑在今河南省宝丰县境内，原来是专门烧制印花、刻花青瓷的民窑，北宋末期接受朝廷命令专门烧制御供青瓷，因此又称"官汝窑瓷"，而民间烧制印花青瓷的窑称为"汝民窑"。汝民窑烧造的历史较短，留存于世的器物不多。官汝窑却烧制出了许多珍品，取得了丰硕的成果。官汝窑瓷器造型规整，以不加装饰纹样为佳品，以釉色、釉质见长，其中有釉色呈淡天青色，被誉为瓷界珍品。

钧窑在河南禹县西乡神垕镇，因属钧州范围而命名。作为北宋晚期的青瓷窑场，钧窑起步时间虽短，但发展的步伐却非常快。钧窑在烧造技术上独辟蹊径，烧制出了带红或蓝中带紫的色釉，改变了一直以来瓷器都是单色的历史，这是陶瓷史上飞跃式的突破。钧窑的釉色细润，并用色彩斑斓的釉色代替了早先的花纹装饰，最主要的特色是釉面上常自然地形成不规则流动状的细线，被称为"蚯蚓走泥纹"。这种装饰花纹别具一格，独特新颖，因此钧窑瓷器被茶人视为珍宝，爱不释手。

除了这五大窑口，宋代的窑口遍地开花，多如牛毛，其中著名的还有耀州窑、吉州窑、磁州窑和董窑。在分布的区域上，南方比北方多；在烧造技术、施釉手段上，南方也比北方技术高，尤其是南宋以后，这种情况越加突出。宋代五大名窑的茶具，虽不如建盏、金银盏那样风光无限，却使宋代的茶具发展呈现出色彩缤纷、百花争艳的喜人景象。

经过元朝禁止烧制而有过一段时间的断层后，茶具制作缓慢地复苏与发展，到明代时茶具达到了其发展的顶峰。明代景德镇瓷器的异军突起及宜兴紫砂陶的初露锋芒，造就了茶具的一段辉煌成就，续写茶具历久弥新的神话。从宋代到明代，茶具开始走进了"景瓷宜陶"互与争锋的时代。

（三）明茶具

明代，由于饮茶方式的改变，白色茶盏开始登上历史舞台。茶盏崇尚白色与茶汤色泽有着密不可分的关系，明代品饮的茶品是与现代炒青绿茶相似的散茶，而"茶以青翠为胜"，因此用洁白如玉的茶盏来衬托绿色的茶汤，显得更加清新雅致，回归自然。陆羽倡导的茶道基本精神，终于在明代得到了实现。这也促成了白瓷的飞速发展，江西景德镇在当时成了全国的制瓷中心，生产的白瓷茶具胎白细致、釉色光润，具有高超的艺术成就。"薄如纸，白如玉，声如磬，明如镜"是其无与伦比的特点，令其成为不可多得的艺术品。明代人将这种白瓷称为"填白"，也称"甜白"。用洁白光亮的白瓷茶具泡茶，色泽悦目，茶味甘醇，既不失茶的真味，又美观大方，衬托茶汤碧色，增添品饮雅兴，使品茶成为一种享受。

除景德镇外，在湖南醴陵、河北唐山、安徽祁门等地也产白瓷茶具，并且各具特色。尤其是醴陵的白瓷，以其瓷质洁白、细腻美观而广受茶人喜爱。

明代景德镇的瓷器生产欣欣向荣。自明初开始就创办官窑"御器厂"，专门烧造宫廷御用瓷和对外贸易用瓷。民间的窑厂也不逊色，规模不断扩展，到了嘉靖年间，已经是"浮梁景德镇民以陶为业，聚佣至万余人"的规模了。官窑与民窑并存，相互影响，对制瓷工艺的进步发展有推动作用，从制胎、施彩，到窑场改制、烧造火候，都有创新变化。景德镇的近千座民窑，是当时瓷器生产的主力。烧造的产品中，青花碗盏占了很大比重。官窑采用在民窑中烧造的方法，并给予资金和技术力量的支持，因此也促进了民营窑场烧造技术的不断改进和提高。嘉靖、隆庆以后，民窑青花产品质量与官窑已几乎相近。但是因官府对彩釉瓷器的使用规定非常严格，对制作的原材料也严加控制，民营窑场没有彩釉的材料，所以以烧造白瓷与青花瓷器为主，当时流行于全国各地的青花瓷器中，大多数都是景德镇民窑烧制品，景德镇的瓷业发展如日中天。

景德镇瓷器在明代有创新性进展革新，主要还是反映在瓷器的施釉技术上，除传统青花瓷在原有的技术水平上更上一层楼外，还创造了新的品种——彩瓷，备受茶人追捧、喜爱。按照制瓷工艺，景德镇瓷又可分为釉下彩、釉上彩、斗彩和颜色釉四大类。

釉下彩包括青花和釉里红瓷。

釉上彩是因为在釉上勾彩绘而得名。其工艺上是在已经高温烧成的瓷器上进行彩绘后，再以 700~900℃的温度进行烧烤，使彩色不脱落。釉上彩包括釉上单彩和釉上多彩。

斗彩又称为"逗彩"，是釉下彩和釉上彩拼逗而成的图案画面。

颜色釉可分成一种色泽的单色釉和多种色泽施于一器的杂色釉，包含了各种色泽的高温釉和低温釉。

明代景德镇的瓷器生产异常繁荣，在长久以来单一的青白瓷制作的基础上，广大瓷工匠艺人，充分发挥超乎想象的聪明才智，创造出了彩瓷、钧红、祭红、郎窑等各种名贵的彩色釉瓷，用来装饰茶具等。这些名贵的彩瓷造型小巧、胎质细腻、色彩艳丽，成了的瓷器艺术珍品。

明代茶具艺术发展的重要贡献，除了表现在景德镇瓷器辉煌灿烂的发展外，最值得赞美的还有宜兴紫砂茶具的崛起，陶壶与陶盏的出现与日后的普及，使饮茶升华到了修身养性、淡雅处世的茶道修行最高境界，将茶具的欣赏性与艺术性有机结合起来，造就紫砂茶具精品的风光无限及日后的成就非凡。我们不难看出，茶壶的出现和迅速发展，是明代茶具的重大改进，不仅使茶盏和茶壶相得益彰，而且在随后漫长的岁月中构成了饮茶最基本的茶具，是明代对茶具的另一重要贡献。随着饮茶方式的改变和陶瓷业的蓬勃发展，茶壶作为茶具中的新兴产品顺理成章地出现在人们的饮茶生活中。茶壶的质地，明人坚持以紫砂为上。品茶艺术的回归为紫砂壶的繁荣发展奠定了社会基础。无论哪种品饮方式，人们追求的还是茶的色、香、味的享受。明代的冲泡方式是散茶直接冲泡，与唐宋时的煎水煮茶方法相比，这种方法的确不容易溢出茶香，这会带来一些缺憾；而紫砂陶壶体小壁厚，保温性能好，有助于溢出茶香并保持茶香真味，因而受到了茶人的欢迎。制作紫砂壶，首先需要泥料，宜兴丁蜀镇出紫砂，那里的陶土质地细腻、含铁量高。经考证只有那里的泥才适合制造紫砂茶器。紫砂壶高超优越的实用性，是其他材质的茶壶所无法比拟的。紫砂壶素胎无釉，胎质细腻，含铁量高达9%，非常适合作茶具，它具有以下优点：

1. 能保持"色香味皆蕴"，泡茶不失茶的真味，没有熟汤气，能使茶叶散发醇郁芳香的气息。

2. 紫砂壶材质特殊，壶壁上有小气孔，使茶壶能有效吸收茶汁，使用时间长了，壶壁上积有"茶锈"，就算是没有放置茶叶的空壶，用沸水注入壶内，茶香味也能散发出来。

3. 用紫砂壶泡茶，茶叶隔夜也不易老馊变质，有益于人体健康。

4. 紫砂壶还具有很好的耐热性能，即使在冬天天气寒冷的时候注入沸水，也不会因温差大而冷炸；用文火炖烧也不易爆裂。

5. 紫砂传热缓慢，保温性能好，使用时，提壶不会烫手。

6. 紫砂壶经久耐用，也就是俗话说的"养壶"，经茶水浸泡滋养、手掌摩挲润泽后，光泽更好更润，也更加美观。

7. 紫砂壶式样繁多，造型也古朴别致，实用性与欣赏性俱佳。

宜兴紫砂壶，集技术与艺术、实用与审美于一体。使人们在饮茶品茗时，既能深刻体验到味觉之美，又能感受到茶具的艺术之美，为品茶增添了审美的情趣。从明代发展到现代，紫砂壶的造型日趋多元化，表现手法也日趋丰富，除了在继承古代传统的基础上发展外，还在进行不断的创新，如汽车、灯盏、皮革等都被用于紫砂壶造型，在制作技术上，先进的微型刻壶也陆续问世了。最让人惊叹的是，在一把仅能盛 350 毫升水的壶上刻上了 7000 余字的《茶经》全文，还有的艺术家在尝试把古代名篇茶画搬上壶腹。紫砂壶的突出成就，与制陶匠人们的孜孜以求、不倦探索是紧密相关的。

另外，作为主要茶具的茶盏，到明代时也有了改进，那就是在茶盏上加盖。加盖是为了保温，也有清洁卫生的考虑，即可以防止尘埃进入。从此，一盏、一托、一盖的盖碗茶具，成了茶人们不可或缺的茶具。盖碗突出的是实用性，并且更加强调装饰艺术，通过品茗养性怡情，是盖碗给人们带来的美好境界。

明代茶具以迎合文人审美意向为主要目的，以淡、雅为宗旨，呈现了"景瓷宜陶"争锋的繁荣局面，紫砂壶在明代中期异军突起，并迅速成为茶具界的新兴力量，但仍然无法冲破瓷器茶具的包围圈，直到在清代才与之全面抗衡，并逐渐取代瓷器茶具，成为茶具中的主流。正是由于它的成功出现，瓷器茶具在清代依然不断创新发展，令名目繁多的集实用性与艺术性于一体的茶具，给人们带来艺术的美感和品茗的享受。

（四）清茶具

清代，紫砂茶具的市场比前朝又发展扩大了许多，各个阶层的审美情趣和要求都有所不同，使得这一时期紫砂壶制作的风格也有所不同。良性循环对紫砂壶的发展有着巨大的推动作用。紫砂壶发展至此已经形成三种特色迥异的风格：

首先是传统的文人审美情趣风格。这种风格讲究的是紫砂壶的内在气质，崇尚的是单纯朴素的风貌。

其次是奢华明艳、富丽精巧的市民情趣风格。一般在紫砂壶面上用石绿、石青、红、黄、黑等颜色描绘山水人物及花鸟虫鱼，也有在壶上施以各种明艳的釉色，还有镶金镶银等点缀。

最后是为贸易需要而创新设计的风格。如少数民族喜爱的包金银边、加制金银提梁等。

清代的紫砂壶最大的特色是以复古为制作目的，这与明代紫砂壶存在本质上的区别。清代由于有大批文化遗产可供模仿，同时艺术的商品化刚起步，市场需要大量紫砂壶，因此陶壶艺术无创新的空间和土壤；而明代的制壶艺术家们时常在仿古的同时融入自己的想法和创意，现代人可从明代的作品中窥出些许新意。清代的匠人一直沉浸在怀古的气氛中，习惯沉浸在古代的诗书画中。

清代涌现了大批卓有成就的制壶名家，他们对原本萎靡不振的紫砂业的迅速恢复与发展提高做出了卓越的贡献。当时著名的壶艺大家代表有惠孟臣、陈鸣远、陈曼生、杨彭年等。清代紫砂壶制造业的繁荣兴盛，是由无数的制壶高手与普通匠人共同造就的，文人雅士也积极参与其中，将紫砂壶的艺术观赏性推向了极致。正是因为他们的辛勤劳动和不倦追求，才有了紫砂壶今天的辉煌成就。我们将会永远记住这些知名或不知名的紫砂匠人前辈。文人墨客的参与，使紫砂壶的工艺与书法、绘画、篆刻珠联璧合，交相辉映。至此，紫砂壶不再是单纯的茶具用品，还以精美的艺术欣赏性而成为工艺美术珍品，其对后世深远的影响在于：制陶工艺不再是单纯的制壶，而是有制坯及雕刻字画的工序和工种了，紫砂壶的精雕细琢，终于将它引向了一个繁荣发展的阶段，并结出了硕果。

清代茶具中紫砂茶具占据主导位置，然而瓷器茶具仍然稳步发展。瓷器烧造在清代达到了鼎盛，生产的产品质量超群，在国内外都享有盛名，使这一时期成为中国陶瓷史上的黄金时代。清代各个时期的瓷器，都各有特色、内容丰富、承上启下，既有共同的艺术特征，又有不同的时代风格。

清代的瓷器烧制，采用的仍是民窑和官窑的方式，但与以往不同的是，官窑是采用官搭民烧的办法，并且对民窑的限制非常宽松，只有少数御用品指定在官窑烧，其他的三彩五彩瓷器，在民窑中均可烧制，这在明代是绝对不可能看到的事。

清代瓷器，名目品种繁多，造型、釉彩、纹样、器型、装饰风格上的技术水平都达到了最高峰。在釉彩方面，清代瓷突破明代的一道釉中以红、蓝、黄、绿、绛、紫等几种原色为主的技术，创造出了各种带有中性的间色釉，使可用色彩达几十种之多，令瓷绘艺术发挥得更加淋漓尽致。

清代的白釉器烧制水平及质量很高，可以根据不同的品种纯熟地烧造出牙白、鱼肚白、虾肉白等浓淡不同的白色器皿，这为彩釉瓷器的飞速发展奠定了坚实的基础。红釉从明代的鲜红、郎窑红发展到清代有了深红系列的朱红、柿红、枣红、橘红等类，还有属于淡红色系的胭脂水、美人醉、海棠红等许多色彩鲜艳的新品种。青釉也由原来的仿青瓷而逐步创新技术，不仅可以仿制唐宋名品中的秘色天青、东青、豆青等颜色，还创出了豆绿、果绿、孔雀绿、子母绿、粉绿、西湖水、蟹甲等更丰富多彩的品种。黄釉类也研创出了淡黄、鳝鱼黄及低温吹黄等新颜色。在比较少见的蓝釉、紫釉方面也很有成就。更值得赞叹的是，清代的五彩瓷器技术取得了历史性突破。康熙年间，试制成功了粉彩、珐琅彩，而到雍正时又新创出了墨彩，乾隆年间的工匠们综合利用方法创新，使茶具及其他瓷器的生产异常华丽繁茂，达到了历史的巅峰。此外，清代的瓷器还大量创新使用加金抹银的装饰手法，或吸收脱胎漆茶具的独特工艺，炙金、描金、泥金、抹金、抹银等新技术纷纷闪亮登场，使得清代的茶具生产更加丰富多彩。

清代的瓷器烧造中，江西景德镇依然占据领头羊的位置。虽然在此期间，福建德化、湖南醴陵、河北唐山、山东淄博、陕西耀州等地也以逼人的瓷器产量异军突起，但是无论在质量还是数量上，都无法同江西景德镇相提并论。

而在景德镇的官窑中，有几座是具有代表性且影响很大的：

"臧窑"，康熙年间工部虞衡司郎中臧应选负责督造的瓷器官窑。

"年窑"，雍正年间由淮安监督年希尧督造的官窑。

"唐窑"，是当时官窑中最为著名的。雍正六年（1728），内务府员外郎唐英，奉命驻景德镇御器厂协理陶务。唐英是制瓷行家，对瓷器的烧制及艺术加工非常精通，因此，唐窑出产的瓷具水平成就很高。

清代瓷器制造的繁荣兴旺，是由于当时从上到下各个阶层饮茶的风靡，对茶具的需求增加。虽然紫砂壶在当时也是风光无限，但由于生产数量毕竟有限，无法满足全国乃至全世界巨大的市场需要，并且中国地域宽广，各地饮茶习俗不一，并不是所有地方的饮茶法都适合使用紫砂壶。因此，瓷质茶具还是得到了巨大发展，创造了无比辉煌的业绩。

（五）日韩茶具

中国古代的各色茶具，对世界茶文化有着巨大而深远的影响。日本、韩国等地的茶文化及茶具的发展，都深深地烙上了中国的印迹。

1. 日本茶具

中国的传统文化对亚洲周边国家，特别是日本的影响毋庸置疑是非常深刻的。

宋代，日本的僧人来到中国研修佛法，离开时将中国的饮茶法"径山茶宴"及饮茶用具——建盏带回了日本，并视为珍品。日本人的茶道不仅规范有序，逐渐形成一套体系，还对中国引进的茶具"天目碗"不惜重金相求，并在装饰上以银缘其边，用金漆巧缀之，嘉誉为"建宁锦"。现在我们在日本一些文献中，还能发现有关油滴盏、银建盏、曜变盏等茶具的记载，这些文献对建盏都做了积极的评价。以建窑黑釉盏为代表，在日本享有至高的地位的同时，也推动了中国其他窑口茶具对日本的输出。宋元时期，中国各地的茶具纷纷跟随着建盏的步伐进入日本市场，这些茶盏在日本被统称为"唐物天目"，受到了日本人的追捧和喜爱，并且在日本各地区各时期都有不同程度的流传。

大量中国茶具进入日本，既满足了日本国内对茶具的需求，还刺激了日本陶瓷业的蓬勃发展。随着对茶具制造技术的不断学习、创新、提高，日本各地窑口仿制生产的天目盏越来越多，且质量也日益提高，这在日本茶道和陶瓷史上，都产生了重大而深远的影响。本土生产的茶盏被称为"和物天目"，在茶道大师村田珠光提倡清静俭朴的饮茶风气流行之后风靡一时，物美价廉的"和物天目"逐渐取代了被视为奢侈之物的"唐物天目"，在日本各个阶层的饮茶场所流传使用并大受欢迎。

明代，中国的茶文化刮起了一股清闲的回归之风，追求清雅质朴的茶道精神，文人雅士阶层极力倡导淡泊清雅的茶事活动。饮茶方式的变革从而引发了一场茶具革命，侈靡奢华的宋代茶具退出了历史舞台。日本茶道的集大成者千利休提出了"和、敬、清、寂"的茶道四规，创立了较为大众化的"千家茶道"，进一步推进茶道的程序化、规范化发展，并加入浓郁的日本文化。日本本土的茶具逐渐成为茶事活动中的主流器具，但是小巧精致的中国茶碗、茶壶等，仍然是日本人茶席上的精品。

日本的茶道文化源自中国，在继承中国古代茶道文化的基础上发扬光大。源远流长的中国茶道文化和茶具文化，对日本茶道文化的形成和发展有深远的影响，中国的茶及茶具进入日本，引发了日本人对茶及茶具的强烈需求，并使得日本本土陶瓷业迅速崛起发展，这为日本茶道文化的发展打下了坚实的物质基础。

2. 韩国茶具

朝鲜半岛的茶具基本上是仿制中国的，受宋代建盏影响较深的金花天目茶盏、翡翠色的青瓷茶瓯及银制茶炉等茶具，都与宋代奢靡的饮茶茶具相一致，从这一点可以看出，朝鲜半岛茶文化深受中国的影响。

茶具和茶礼，民间流行一种名叫"舞俑冢"的行茶法，从现今发掘的古墓里的壁画看，画面中描绘的行茶中出现了罐、瓶及两个木托盘上的茶碗和盛水果的敞口大茶碗等茶具。现在，韩国茶道对这套行茶法还原演示所用的茶具有茶釜、风炉、茶桶、茶盏、茶瓢、茶匙、茶巾、茶果、茶碾、茶果床等。

另外还有一种产生于新罗时代的"花郎茶道"，使用的茶具有石池、茶臼、茶釜、茶杆、茶桶、茶淀、茶盏、茶瓢、茶匙、茶拂等。

从上述两种行茶法中的茶具来看，朝鲜半岛的茶具与中国唐朝时期是一致的。还有不少的茶具是从中国进入朝鲜的。从 9 世纪中叶开始，朝鲜半岛就引进中国的陶瓷，越窑青瓷产品居多，其次是长沙窑瓷器。在中国周边地区中，朝鲜半岛是最早引进中国陶瓷器具的。这与两地源远流长的密切关系是分不开的。宋代，高丽国共向中国派出使臣来访 30 余次，中国的使臣也不断回访。在朝鲜半岛的许多地区，如海洲所属龙媒岛、开城附近江原道的春川邑等地方，都曾有过大量的宋代瓷器出土，产自中国不同的地区，有河北磁州窑、陕西耀州窑、河南临汝窑、浙江龙泉窑及江西景德镇，且品种繁多，有白地黑花瓶、刻花注碗、印花碗、青釉碗及青白瓷等。这些都足以证明运往高丽的中国陶瓷茶具种类之丰富，品种范围之大，影响之广。

众多精美的中国瓷器运往朝鲜半岛，不但满足了高丽人的生活需要，还刺激了高丽民族工业的发展，使高丽的陶瓷业在数量和质量上都有飞跃式的发展。

第四节　风情美：茶之异域

（一）优雅的日本茶道

在日本，正式或隆重的场合如庆贺、迎送，或宾主之间叙事、接待贵客等，都要举行茶会。这是深受日本人民喜爱的品茶艺术和饮茶方式，是体现日本人高雅素养和进行社交活动的手段。

日本茶道的源头，来自中国宋代的点茶法。日本的高僧如禅师荣西、最澄分别来到中国研修佛法，离开中国时把茶种和茶艺技法带回日本，日本茶道由此在中国浙江径山寺的"径山茶宴"的基础上发展起来。日本茶道由此史上奈良西大寺的献茶盛会，对日本促进饮茶之风的盛行起了重大的作用。中国的茶叶在刚传入日本时被视为珍品，普通百姓是没有机会品饮的，只有少数贵族阶层才能饮用。到了 700 年前，西大寺的睿尊上人提出了茶虽是"上品之物，要广为普及"的倡议，茶才逐渐在民众间普及开来。每年春秋季节，日本茶人都会选择两天时间，在奈良举办一年一度大规模的献茶盛会，从全国各地来赴会品茶的茶客达 3000 人左右。寺庙的茶碗比一般茶碗要大 30 倍，据说一碗茶可同时供多人轮流传饮。在饮茶前，人们整齐排成一排，盘腿端坐，饮茶时变跪立姿势，由于传说喝了西大寺的茶能"除邪壮五脏"，因此来此参加茶会的人络绎不绝。独具一格的西大寺饮茶方法，一直保留至今，成为日本茶道重要流派之一。

至日本南北朝时代，"唐式茶会"逐渐在日本武士阶层流行起来，唐式茶会简称"茶会"，内容富有中国情趣和禅宗精神，因此最初是流行于禅林之中。这一时代的书《吃茶往来》和《禅林小歌》，分别详细描绘了当时茶会的内容。《吃茶往来》是在因日本宫廷中讲授中国朱子理学而闻名的比睿山学僧玄慧的著作，主要讲述了茶会举行的情况。《禅林小歌》原是镰仓时代巡游的净土宗僧人圣格书写在建长寺的禅扇上的，讥讽了在禅寺中以举行唐式茶会为名，而实际上却聚众娱乐、颓废奢靡的不良习俗。

唐式茶会有规范的程序和步骤：

1. 点心

茶客会众集中后，进入客殿中，先以点心款待。点心，原是禅宗的用语，是在两次饮食之间为了安定心神而食用的食品。唐式茶会的点心中所用的各类羹、面都是僧人从中国带回日本的。客人们互相劝食推让，与中国的会餐异曲同工。用完点心，茶客起身离座，有的靠窗休息，有的闲步庭院。

2. 点茶

用完点心稍事休息后，人们进入茶亭正式入座，开始举行点茶仪式。

3. 斗茶

点茶之后，为了让大家玩得尽兴，进行名为四种十服茶的游戏，又称为"斗茶"，决一胜负。游戏的形式是沏泡各种各样的好茶，众人喝后猜测是哪个地区产的茶，以此定胜负。斗茶法在中国宋代非常盛行，日本的此种斗茶游戏亦是来源于中国，只是因方法上带有自己的特色而略有区别。

4. 宴会

点茶仪式及斗茶游戏结束后，将茶具、茶点撤去，另设酒席摆放佳肴美酒，在歌舞管弦助兴下宴会开始，人们在觥筹交错中余兴盎然。

唐式茶会的点茶、斗茶都是在茶亭中进行的。日本的茶亭是按照中国式的风格设在风景优美的庭园内的，这样方便眺望远方的景色。茶亭的正面一般会悬挂释迦、观音、文殊、普贤等佛画用来装饰。在其他的各个隔扇和墙壁上还张挂宋代、元代的名画家绘制的许多人物、花鸟、山水的画轴。在茶亭的一角上围以屏风，屏风边设置了茶炉用来煮茶，此间配以精致的茶具用来装饰点缀。在茶亭的客位、主位的席上还摆放了胡床、竹椅等，这些完全是中式的款式，与日本茶道后来形成的"数寄屋"相似。虽然唐式茶会所用的点心、点茶方法、器具、字画等都是典型的中国式风格，每一部分的陈设物品都模仿了中国式样，但此种茶会的形式及内容在中国古代并没有出现过。在茶文化繁盛的宋代，虽然茶肆盛行，但是却与酒肆截然分开，并不混在一起。日本把中国的饮茶、进餐、品酒及禅宗风趣、园林亭阁都汇集在唐式茶会之中，这是中国传统文化在日本的重新组合，它在类似又不类似的模仿与创新之间，走出了属于自己风格特色的道路。发展到日本室町幕府中期，日本的唐式茶会有了新的变化，在茶会进行时，将茶亭改为"座敷"（铺席客厅），茶会也分成了贵族型的"殿中茶"与平民型的"地下茶"两个档次。贵族的茶会中有品玩名贵茶器、名贵茶叶等高雅奢华的形式，平民的茶会是无拘束的聚集饮茶，有点类似中国的街头茶馆。鉴于以上种种描述我们可以看出，唐式茶会是日本茶道的雏形。

日本茶道首创者是15世纪奈良的僧人村田珠光，后来千利休将其茶道精神集合大成，把中世纪茶道真正发扬提高到艺术的高度上，并一直流传至今。16世纪的日本，属于群雄争霸的战国时代，各方诸侯混战不休，其中实力最强的织田信长想通过茶道征服人心来帮助其统一天下。于是他精心搜集了当时的各种珍贵茶具，并网罗天下精通茶道的能人大师，千利休就这样被请进织田信长的府中，被聘为他的御用茶道老师和三大茶头之一。他主持制定了茶道的仪式和规则，将其作为一种全新的茶文化推广普及。织田信长逝世以后，他的部将丰臣秀吉以武力获得大权统一全国，为了追求内心精神上的平衡，丰臣秀吉特别喜欢在茶道中获得寄托和满足，于是进一步支持推崇茶道。千利休作为丰臣秀吉的御用茶头，以此得揽天下名器，这时也迎来了日本茶道最隆盛的时代。

千利休的茶道中蕴含着深奥的禅宗思想，他强调茶道的基本精神是"和、敬、清、寂"，这后来也成为日本茶道的基本精神。其中"和"，指和平安定的环境；"敬"，是要尊敬长者，敬爱朋友；"清"，是清静的意思；"寂"，是要达到悠闲的境界。千利休提出了廉洁，生活恪守清寂，不崇尚奢侈的原则，把茶道作为陶冶情操的修身方法。为了实现这一指导思想，他在茶道上进行了较大的改革：将原来茶室北向改为南向，滑门不用花哨的图案而用白纸，茶室只需小间，平面布局非常紧凑，并设有五个专门区域，同时有出蹲口、茶道口、贵人口、给仕口等供人出入的小口。茶室的窗孔小而多，且不对称，分别是连口窗、地下窗、夹上窗、园窗、色纸窗、火灯窗等，材质尽量遵循天然特色，风格似茅舍。茶室通道狭小，装有石灯笼、篱笆、踏脚石及洗水盆。茶碗用乐茶碗，并定有"四规"和"七则"。其中的"四规"，就是前面阐述的"和、敬、清、寂"，而"七则"是指点茶要有浓淡之分；茶水温度要按不同的季节而调节改变；煮茶时的火候要合适；在使用茶具时，要注意保持茶叶的色、香、味；准备好一尺四寸见方的炉子用来烧水；冬天炉子的位置要摆放得当并使其固定；茶室要清新整洁并插上花，花的品种要与茶室的环境相匹配，以显示整体新颖、清雅的风格。

千利休崇尚并推广的茶道精神，是在丰臣秀吉特别喜爱茶事并积极支持的背景下得以弘扬的：丰臣秀吉以三千石的高俸禄拜千利休为茶道老师。丰臣秀吉无论是在征伐小田原，还是在朝鲜作战时，都会以茶道笼络将士之心，常常举行茶道活动以鼓舞士气，并在民间广泛传播茶道。丰臣秀吉于 1587 年在京都北野召开了规模异常空前的茶会，以此来宣扬千利休的茶道思想。当时宣传茶会的告示到处张贴，影响巨大。告示中说：①于10月1日起在北野林地中举行十天茶会，热心茶道者都可以积极报名、踊跃参加。②前来参加的人，不论男女老幼，都应自行带好锅、吊桶、茶碗等器具。带来的茶叶应是无焦味或苦味的。③除可以带日本的物品参加茶会外，参加者如果有中国茶叶的也可以带来。④京都之外的外地人参加可延期，如果参加者有事耽误，可以延迟参加。⑤这里要求的一点是，参加茶会的不论是哪个地方的人，都应按照千利休的茶道礼仪来饮茶。

日本的茶道就这样兴盛起来了，经过江户时代得到了更好的发展，并形成了师徒秘传、嫡系相承的形式。到18世纪，茶道的世袭限制就更加严格了，家族中继承人只能是长子，代代相传，称为"家元制度"。现代的日本茶道由数十个流派组成，都是从千利休时期流传下来的，各派都有自己的家元。最大的流派是以千利休为祖先的表千家流、里千家流和武者小路千家流形成"三千家"，其中以里千家影响最大。据统计，现在日本学习茶道礼仪的有1000万人，这其中有600万属于里千家。"三千家"虽有同一祖先，但其传承关系是：千利休死后，由其子少庵继承，但随后，少庵隐退，千利休孙子千宗旦担任家元，并重振了千家的茶道。随后千宗旦的三个儿子宗左、宗室、宗宋分别继承祖业。宗左继承了宗旦的不审庵，是为现在的表千家，宗室在不审庵内侧建立了今日庵，为里千家，宗宋那支一度曾经离开茶道，后来在武者小路建立了官休庵，因此称武者小路千家。按照"家元制度"的规定，"三千家"都是长子继承，名字也须和上代一样，但要标明几世或几代，斋名有所不同，用以区分，如现在的里千家家元叫"千家斋"，十五世家元称"鹏云斋"。

日本茶道流派除了千利休子孙继承的"三千家"外，还有数内流、乐流、久田流、织部流、南坊流、宗偏流、松尾流、石州流等。学习茶道的人，选择各自认同的流派入门，跟随有教授资格的茶人修行，学到一定的年限，可以从家元那里领得相应的证书，得到各流派的认可，家元通过层层教学统辖着属于自己流派的全国茶人。日本茶道靠这种继承管理方式代代相传，从千利休时代一直延续到今天，并经久不衰。

茶道由四个要素组成，即宾主、茶室、茶具和茶。参加茶道的人叫"茶人"，要有一定经验和训练。茶室的大小不一、形状多样，但千利休提出的草庵小茶室最理想。茶室要有幽雅自然的环境，布置得简朴而优雅，往往挂着与茶事主题有关的禅语挂轴和名贵字画，室内有插花装饰，供宾客欣赏。古老茶具多为"乐烧茶碗"和茶盘、茶盖、茶久、茶桶、斫茶锤等，另有炭火茶釜和煮茶用的小坛，以及炭火、火箸、灰匙、风炉等。茶具要四季应时，并且多系历史珍品。茶是精致的绿茶末，用石臼研制而成，称作"抹茶"。茶道有讲究的礼仪规范：进茶室，宾客要脱鞋躬身入内，表示谦逊；而主人则跪在门前迎接，以示尊敬；宾客就座后，宾主互相致辞，观赏茶具；接着，主人开始生火、加水、拂拭茶具，然后煮茶、冲茶、敬茶；水煮沸后，主人轻轻冲茶小半碗，用双手捧起，敬献给宾客，宾客品茶时也要双手捧碗，从左向右转一周，以示拜观茶碗；喝茶时一定要三口喝尽，最后一口还应发出轻轻响声，表示对茶的赞美。茶有两种，一种是深绿色的浓茶，味道清香略苦，要轮流饮；另一种是淡茶，每人一碗单饮。有的茶会还有甜点心和简单素食，称为"怀石料理"。宾客们都饮完后，一一向主人道谢，茶道仪式即告结束。"要点一碗茶，若从单纯的制作角度上来讲，也许只需要两三分钟，可是，若想要通过点一碗茶的动作来表现大自然的循环运转过程，以体现东方思想文化之深厚的内涵，就不是短短几分钟所能完成的了。所以，在日本茶道里，完成一套规格高的点茶技法需要一个多小时，最简单的也得需要20分钟。就这样，东方的哲学思想赋予了点茶技法以丰富的内容，使得烧水、涮碗等日常行为有了严格的规范。反过来说，以深厚的东方哲学思想为根基而设定的点茶技法，简洁准确，外柔内刚，有礼有节，抑扬顿挫，令人百看不厌。日本茶道真可谓东方思想哲学的宠儿与骄子。"日本茶道遵循的是"四规""七则"，但根据迎客、庆贺、欢聚、叙事、赏景、论学等不同内容，其仪式也略有差异。而且，随着时代的变化，日本茶道中的繁文缛节都做了改革简化，现在普通茶道多以茶会的形式进行。

由于茶道的盛行，日本人普遍喜欢饮茶，认为饮茶有助身体健康，可以延年益寿。近些年，日本茶叶消费的品种也有变化，除传统的绿茶外，乌龙茶急剧增加，有的人对普洱茶、茉莉花茶也很喜欢。茶的包装正向多样化、现代化发展，如袋泡茶、速溶茶、罐茶水等都受到欢迎，以方便卫生为原则的"第四代方式"正在改变旧有的风俗习惯。

（二）典雅的朝鲜半岛茶礼

朝鲜半岛茶礼是在世界茶苑中静静开放、独具风采的一枝典雅花朵，是人们共同遵守的传统的喝茶礼仪习俗。最早的朝鲜半岛"茶礼"是指"阴历的每月初一十五、节日和祖先生日时在白天举行的简单祭祀"礼节中的喝茶仪式，也有如民间的昼茶小盘果、夜茶小盘果一样的摆茶活动，还有专家将茶礼解释为"贡人、贡神、贡佛的礼仪"。朝鲜半岛历来崇尚中华文化，翻译了许多关于中国茶文化的著作，中国唐代陆羽的《茶经》是朝鲜半岛人民着重翻译学习的茶学著作，通过对此书的了解学习，奠定了朝鲜半岛茶礼向中国茶文化寻根探源的概念。朝鲜半岛茶礼源自中国古代的饮茶习俗，但并不是简单地照搬、移植，而是在吸收、接纳之后把禅宗文化、儒家与道家的伦理思想，以及朝鲜半岛传统的礼仪礼节融汇于一体，集大成所得。在1000多年前的新罗时期，朝廷在宗庙祭礼和佛教仪式中就已经运用了茶礼。著名的双溪寺的创建者真鉴国师在碑文中，就记载了有关茶的习俗，说如果再次收到中国茶，会把茶放入石锅内，用薪（木炭）烧火，后饮用。

到高丽时期，茶礼已经渗透在朝鲜半岛的朝廷、官府、僧俗等各个不同阶层。最早流行的点茶法，就是把膏茶磨成茶末，然后把汤罐中烧开的水倒入碗中，用茶筅搅拌后再饮用。高丽末期，饮茶方式已有改变，变成了把茶叶泡在盛着开水的茶罐里饮用的泡茶法。据记载，高丽朝廷举办的茶礼如下：

燃灯会，每年阴历二月十五，都在宫中康安殿的浮阶开燃灯会并举行以下茶礼：近侍官上茶，执礼官要面向殿阁鞠躬，上酒饭开席时，执礼官要面向殿阁鞠躬劝大家食用酒饭，后人都跟随行此礼。之后要给太子以下的朝臣送茶，茶送到，执礼官先拜礼，臣子再拜，随后执礼官先饮，臣子随后饮毕，再鞠躬礼让。

八关会，每年阴历十一月十四，在宫中仪凤门阶梯底下的浮阶举行。左侧执礼官引导太子和上公至洗手间洗手，近侍官上来奉茶时，执礼官要面向殿阁鞠躬，劝茶饮用，随后近侍官摆放茶和饮食，还要摆放太子公侯伯及枢密两阶大臣的茶饭，位列中阶的侍臣只能站着就餐，餐毕近侍官再上茶。此后，太子以下的枢密侍臣都要再次拜礼，接茶饮毕后鞠躬礼让。

高丽王的生日，从侧门入茶，当面拜礼劝茶后放下茶杯。

迎接诏使的仪式中，是在乾德殿举行茶礼。

祝贺太子诞生的仪式，其茶礼在宫中的厅幕里简单举行，宾主相互揖让后上茶。

分封太子的仪式，其茶礼在东宫门前竹席上举行。分封王子、王姬的仪式茶礼在大观殿举行。

公主出嫁时的茶礼在宫中厅幕举行。

宴请群臣的酒席中，在大观殿举行茶礼。

朝鲜半岛提倡的茶礼的根本精神是"和""静"，其含义是"和、敬、俭、真"。分别解读其含义："和"代表人的心地善良、和平共处，互相尊敬，帮助别人；"敬"要求正确的礼仪，尊重别人，以礼待人；"俭"指俭朴廉正，倡导朴素的生活；"真"指要用真诚的心意待人，以诚相待，为人正派。除以上精神，传统的茶礼精神还包括"清、虚"。朝鲜半岛茶礼注重礼仪，看重茶的亲和、礼敬、欢快，并把茶礼贯彻渗透于各阶层中，把茶作为团结朝鲜半岛的力量源泉。而茶礼的整个过程，从迎客、茶室陈设、书画、茶具造型与排列、茶席布置，到投茶、注茶、点茶等冲泡的技艺，都有严格的规范与步骤，整个施茶过程追求一种清静、悠闲、高雅的文明之感。

在朝鲜半岛的历史发展中，由于种种原因茶礼也曾一度中断，但没有彻底绝迹。近年来，复兴传统茶文化的运动在韩国社会积极开展，许多学者、僧人投入茶礼历史的研究中，并出现了众多的茶文化社团和茶礼流派。韩国的釜山女子专门大学等一些大学纷纷开设了茶文化的课程，培养了一大批高级茶文化与茶礼的骨干力量。弘扬韩国传统文化与茶礼所倡导的团结、和谐的精神，并逐渐成为现代韩国人的努力追求的精神境界。

（三）精致的英式下午茶

17世纪初英国人就已经开始饮茶，17世纪中叶，伦敦市场已有茶叶出售，英国上流社会普遍有了饮茶习惯。1688年以后，英国的饮茶者日益增多，普通民众也对茶产生了浓厚的兴趣，至17世纪末茶叶不仅仅是人们日常饮用的家庭饮料，也逐渐成为政治、商业等领域接洽会谈时的一种饮品。18世纪后，适合平民的大众化茶馆在伦敦蓬勃兴起，据统计，到18世纪末，伦敦约有茶馆2000个，另外还有许多供政客名流讨论国事、青年人聚会跳舞、文人雅士抒发情怀的茶会，教堂中也设有茶室。此时的英国，不仅上层社会的贵族日益嗜茶成癖，其他各个阶层的人士亦渐谙饮茶。

英国人饮茶有自己的一套规律：清晨6时刚起床空腹饮一杯，为"床茶"；上午11时左右工作间隙饮茶，称"晨茶"；下午喝茶，称为"下午茶"；晚饭后继续品茶，是"晚饭茶"。在各个时间的饮茶中，"下午茶"是英国民众最为看重的。就算遇上办公或会议，也要暂时放下手中的工作去饮茶。在英国人的心中，"下午茶"不仅是一种物质生活的享受，也是一种精神上的寄托。关于下午茶，许多描写英国家庭生活的文学艺术作品中都有生动的描述。19世纪英国人的进餐习惯是早餐时非常丰盛，午餐则是佣人不用伺候在旁的郊游式的便餐，下午4点时用些甜点并饮用下午茶，晚上8点是晚餐即正餐，晚餐后在客厅喝茶，这种饮茶用餐方式在维多利亚时代形成了固定的模式。当时之所以需要下午茶，是因为人们上班距离远，以及瓦斯灯的应用，使晚餐时间整体推迟。如今，下午茶已成为英国人不可缺少的生活习惯，去英国旅游的外国人也喜欢领略一下具有英国特色的下午茶所带来的有趣风情。

红茶在英国的销量非常惊人，英国各阶层人士都喜欢饮用加味红茶，冲泡方法是先将茶叶捣碎，加入玫瑰、薄荷、橘子等调配材料，制成伯爵红茶、玫瑰红茶、薄荷红茶等。若清饮红茶，也要加入鲜奶或鲜柠檬。喝茶时要先倒一点冷牛奶在茶杯中，然后再冲热茶，加入少许糖。如果是先倒茶再加牛奶，没有按照程序冲泡，就会被认为没有教养。英国的茶具都非常精致考究，英国人偏爱上釉的陶器或瓷器，不喜欢用银壶或不锈钢的茶壶，原因是不能保持茶汤的温度，而锡壶、铁壶又会导致茶味变化。在饮茶时，一般由女性来倒茶。

以饮茶为中心的情调生活方式的流行，使英国人的日常生活，特别是饮食文化，发生了重要的变化。16世纪后半叶的伊丽莎白一世时代，早餐一般是吃三片牛肉。到18世纪初饮茶普及后，早餐发生了根本性的变化，形成了吃黄油面包和喝茶的习惯。英国是传统的有饮茶习惯的国家，虽然也受到多种新颖饮料的冲击和竞争，但是茶仍是英国市场需求第一大的饮品，消费量占所有饮料消费总量的44.5%，80%的英国人有每天饮茶的习惯，英国的"国饮"仍然是茶。

（四）浪漫的法式芳香茶

在法国，饮茶最早盛行于皇室贵族及上流阶层，后来才逐渐普及于大众。16世纪中叶，著名的法国作家、教育家、医学家都对茶叶赞誉有加，因而激发了人们对茶的向往和追求。到近代，茶叶却在法国一度被视为老派人物的饮料，年轻一代认为其落伍、过时，对此不屑一顾。直到20世纪50年代开始，这种状况才逐步改变。

经考证，饮茶再度流行和消费量不断增多，是因为有两个机缘。

一是特殊的芳香茶的发展非常适合法国人的口味，尤其是年青一代追求新奇商品的心理。芳香茶是带有花香、果香、叶香及焦糖香、巧克力香等一切"外加香味"的茶，是在红茶中加入花果叶制成的香精而成的。标新立异的芳香茶，以其独特的香味和口感吸引了大批法国茶客，使他们逐渐爱上了传统饮茶，并养成了稳定的茶叶消费习惯。

二是中国著名作家老舍的戏剧作品《茶馆》在法国公演后，引起巨大社会反响，此后茶厅如雨后春笋般在法国兴起，并引发了全民饮茶的热潮。法国的许多茶厅在建筑风格和厅内布局上都尽力模仿老北京的茶馆，社会各阶层如商人、艺术家将常去富有中国传统风韵的茶厅当作一种时髦。年轻的情侣则以常在富有东方气息的茶厅约会而欣喜，认为会给爱恋增添和谐与新鲜感。而老年人对饮茶有益健康的道理深信不疑，于是常常整天泡在茶厅里度日。但是更多的法国人是希望通过饮茶从单调的快餐生活中解脱出来，因此特别渴望体验东方的生活方式和文化。

法国人饮用的茶和品饮的方式，不像东方国家设置规定和法则，而是自由发挥，各具特色，因人而异。喜欢饮用红茶的人数最多，冲泡方法类似英国的习俗，泡茶时取茶叶一小撮或袋装的一小袋冲入沸水，再加糖或加牛奶，还有的将新鲜鸡蛋拌入茶中饮用。近年比较流行的瓶装茶汁，加入了柠檬汁或橘子汁，使茶味更甜蜜舒爽，香味芬芳，浓郁隽永。而法国的 2600 多家中国餐馆及旅居法国的中国人却依然喜爱香气袭人的花茶，一般用沸水冲泡清饮。清爽的饮茶方式，也影响了爱好花和香味的法国人，使他们也对花茶产生了浓厚的兴趣。法国人在富有东方情调和气氛的饮茶过程中，领略到了西方文化所没有的新颖奇特的感受。

第五节 自然美：茶之空间

茶的空间是茶艺整体结构存在的环境布局，是以茶、茶具、茶人为主体的，在特定的环境中，与其他的艺术形式合作融汇、共同完成的具有独立主题的茶道艺术组合。茶的空间需要适合环境及主题氛围的设计布置，是茶道中高雅文化和艺术的重要内容之一。中国传统茶文化中由茶席、茶境、茶寮构成的茶空间给茶的艺术增添了富有诗意的美感和境界。

（一）茶席之雅

茶席设计与品茶艺术是相互配合、互为补充的，自从把简单的以止渴为目的的喝茶上升为具有艺术感、仪式感的品茶，自然而然就有了茶具摆放与茶席布置的要求。而茶席又是在不同的品茗空间环境中的展示，不仅是在特定的茶室中，甚至很多茶席创新地摆在了空旷的野外。多种风格和形态迥异的茶席，表现出了不同的主题、内容和内涵丰富的茶文化。

茶席的组成元素有：茶品、茶具、铺垫物品、插花、香、挂画、工艺品、背景、茶人等。这些构成了一个完整并具有主题的茶席，我们在布置茶席时可以将这些元素全部运用，但在一些特殊的情况下也可以单选其一。

1. 茶品

整个茶席中，茶是灵魂，是茶席的思想基础，占据着重要的位置，因此在茶席上我们看到都是把茶放在茶桌最中央、最显眼的位置。有茶才有茶席，茶是茶席的源头，又是茶席使用的最终目的。中国茶类丰富多样，其中绿茶、红茶、白茶、青茶、黑茶、黄茶六大茶类为主要茶品。不同的茶，冲泡方式和手法不一样，因此在一定程度上决定着茶席的布置和茶具的选择。按照茶类的特质区分，人们对冲泡茶叶的茶具种类、色泽、质地和样式，包括茶具的轻重、厚薄、大小等都提出了相应的要求。

2. 茶具

茶具是为泡茶而诞生的，为了丰富茶的内涵，历朝历代的茶人及工匠不断努力开发、创造出各种各样的茶具来满足品茗的需求。我们现在普遍认为的"茶具"，主要是指冲泡时用的茶壶、茶杯等器具，现代意义上的茶具种类屈指可数，但古代"茶具"这一概念的范围却很广。唐代时，茶圣陆羽就在《茶经·四之具》中介绍了他设计的一套24件茶具及每件茶具的作用，这是中国历史上第一次有茶具被记载。1987年，在陕西扶风县出土的唐代宫廷鎏金茶具，是迄今为止发现的最完整、最奢华的古代皇室宫廷茶具，其精致和复杂给茶具发展的辉煌以诠释和见证。

在一个简单的茶席中用到的茶具有水盂、煮水器、炭炉、茶杯、杯托、盖碗、壶、壶承、茶则、公道杯、茶巾等。茶具组合在茶席中，一般是成套运用，但有时为了更符合茶艺创作的主题，会打破原有的茶具组合，用不同的茶具进行创新配置，达到出人意料的效果。

3. 铺垫物品

铺垫物品是指茶席整体布置或具体茶具物件下的铺垫物，它既可以保护茶器，使之不直接碰触桌面或地面，并保持器物的清洁干净，又是茶席设计主题中起到画龙点睛作用的辅助器物。茶席的铺垫物品，虽然说在整个茶席中是起辅助作用的，但是如果使用得法、运用得当，却能够达到画龙点睛的出彩效果。铺垫物品需根据茶席设计的主题与立意来进行整体规划，选择相似材质、款型、大小、色彩、花纹图案，在布置茶席时运用对称、不对称、烘托、反差、渲染等手法方式。当然，也有茶席不用铺垫物品的，其目的是将桌面及空间的原色与质感充分展现出来，追求一种天然质朴的韵味，这就要求茶席设计者具有独到的眼光和深厚的艺术功底。

4. 插花

插花能点缀茶席，令茶席增色，传统的插花是以切下来的植物的枝、叶、花、果等为素材，使用一些技法，经过富有美感的艺术构思和适当的整理修剪，按照美术构图原则，进行色彩的搭配设计，最后成为既具有丰富的思想内涵，又能保持天然、再现自然界之美的艺术作品。

5. 香

香对人的影响是一种对心理的影响，人们发现，如果置身于空气清新的大自然或芳香的植物丛中，能令人心旷神怡、神清气爽，心中的疲惫和身体的倦意都能一扫而光。在茶席中点香可以营造出宁静祥和的氛围，让人宁静安神。在茶席中使用的香主要有沉香、檀香、龙脑香、降真香、龙涎香等名贵香料。

6. 挂画

茶席中的挂画，是把古色古香的书法、绘画等艺术作品挂在茶席的屏风、支架或茶室的墙上，也有用绳索牵拉悬空挂于空中的。茶席挂画的主要作用是烘托出茶席的文化艺术气息，有些书法、绘画作品是直接用来表明茶席主题的，还有一种情况是，挂画作为茶室的一部分，是为了让茶客欣赏绘画作品。茶席所挂的绘画和书法作品，应该与茶席整体的设计风格一致。即便是茶室中专门让茶客欣赏的挂画，也要保持风格与美感上的协调，不能像画廊中陈列画展一样，密密麻麻地堆满作品。错落有致，突出茶席的地位，是布置挂画时要注意的原则。

7. 工艺品

茶席上的工艺品是为了陪衬、烘托茶席的主题，并有将主题升华、提高的作用。所以工艺品在茶席中要摆放在旁、侧、下或背景的位置，不能喧宾夺主过分突出，更不能与使用的器物相冲突。工艺品的材质、造型、色彩等与主泡器应该相得益彰。

8. 背景

茶席由于在不同的地方摆放，因此背景本身已呈现出不同的格局，一种是室内背景，一种是室外背景。而且，这两种情况都包括两种方式：一是采用原有的背景，二是重新设计或选取新的背景。

在室内摆设茶席的，如以室内原有状态为背景，以舞台为背景，以会议室主席台为背景，以装饰墙面为背景，以廊口为背景，以房柱为背景，以玄关为背景，以博古架为背景等。有时候为了简便和节约，也可以利用织品、席编、灯光、书画、纸伞、屏风，或者其他可以改变背景的现成物品。

茶席室外背景的处理，由于一般选择自然美景，只要与茶席整体协调，就可以达到美不胜收的效果。当然，有时候也可以突出景点的某一部分，如以树木、竹子、假山、街头屋前为背景。根据需要，有时候也可以把室内背景用品（如屏风）移到室外。

此外，茶席背景还包括音乐，这也是一种营造氛围的方式。

9. 茶人

茶人，是茶席的关键与主体。茶人既是茶席的设计者，也是茶会的参加者。茶席需要人来设计，也需要人来欣赏。茶人作为茶席的设计者，需要具备高超的人文艺术素养和深厚的文化修养，要对茶有深入的认识和科学的掌握，了解茶的历史、种类及各类名茶的特点、冲泡的方法，并能正确地选择适合各类茶冲泡的茶具。把茶艺当作生活的修行，循序渐进地一步步精进，认真钻研，恬淡从容，才能达到心无杂念的境界。

中国古人对品茗的环境要求非常高。古人在饮茶时，目的不仅仅在于满足解渴、疗疾、去腻等生理的需要，对于精神上愉悦和享受的追求更高。人们通过日常的品饮活动，获得精神上的升华，灵魂也在沁人心脾的茶香中得到洗礼与净化，使身心都进入到了奇趣无穷的艺术境界。营造适宜的品茶环境，让茶汤在充满诗意的茶席中呈现，就显得极其重要了。

（二）茶境之幽

茶人之所以把品茗看成艺术并称之为"茶艺"，是因为饮茶过程中的冲泡、茶礼、环境等都讲究协调。饮茶方法与品饮的环境、地点都需要和谐一致的美学意境。有的茶人在大自然的环境中布置茶境，在山水之间饱尝林泉之趣，整个品饮活动在吸收天地之灵气、精华后充满了诗情画意。有的在庭院小寮中，设精致茶境，在雅室、美器中，举杯看云卷云舒，花开花谢，品茗时与僧朋道友、诗画书琴为伴。所谓饮茶的环境，是寻自然之美，造铺设之美，寻觅和创造，才可获得最佳的饮茶环境。茶境不仅在景和物的美，还要有心灵相通的人和事才算完美。

我国古代就重视饮茶环境，陆羽在《茶经》中就提到了五处适宜饮茶的户外自然环境和室内饮茶空间的布置："野寺山园""松间石上""瞰泉临涧""援挤岩，引绳入洞""城邑之中，王公之门"是适合饮茶的户外佳境；而在室内品茶，就应该注重饮茶环境的布置和氛围的渲染。唐代时，还有很多茶人喜欢在花间、竹下品饮，这些环境比起山野与厅堂，自然是不同寻常的风韵和惬意。诗僧皎然曾有诗一首，描述了几位高人雅士在花间品茗的场景，赏花、吟诗、听琴、品茗，诗中描绘的是何等清幽高雅的品茗环境。唐代诗人钱起也有诗句"竹下忘言对紫茶，全胜羽客醉流霞"描写了在竹下饮茶的幽美环境。

宋代品茶中有"三点"——一为新茶、甘泉、洁器，二是好天气，三是风流儒雅、气味相投的茶友，"三不点"则反之，亦是对品茗的茶境提出了要求。欧阳修的《尝新茶呈圣俞》对茶境的要求做了最好注解："泉甘器洁天色好，坐中拣择客亦嘉。"意思是有新茶、甘泉、清器和好天气，再加上心意相合的茶友，这便构成了饮茶的最佳环境。相反，如果茶不好、泉不清、器不净，再遇到不好的天气，喝茶的同伴也缺乏教养、举止粗俗，这种茶境是非常糟糕的。

明代，对于品茶环境要求更高，更加严格、精细了。朱权在《茶谱》中用"或于泉石之间，或处松竹之下，或对皓月清风，或坐明窗静牖"描绘出了一幅清雅优美的饮茶之境。1581年，文徵明、蔡羽、王宠等七人，在惠山二泉亭下会茶，作茶图一幅，为著名的茶画《惠山茶会图》，展现了茶人追求山林之乐的情景。江南第一风流才子唐伯虎，擅长书画，更喜品茗，一生之中作有《事茗图》《烹茶图》《品茶图》《煎茶图》等与茶有关的名画。其中，《事茗图》描绘了文人雅士在夏日悠游山水间、相邀品茶的情景。青山苍翠，溪流潺潺，参天古树下，茅屋中有一人在全神贯注倚案读书，书案上摆着茶壶、茶盏等诸多茶具，屋内一童子正在烧火烹茶，舍外小溪上横卧板桥，有一人缓步来访，身后书童抱琴相随其后。画卷描绘的人物栩栩如生，环境优雅，展现了读书品茗的真实画面。明代画家仇英的《松间煮茗图》也向人们展现了山林中的茶事，画中山间飞瀑数迭，流入松林溪间，临溪有一松亭，亭中的隐士在品茶赏景，有童子蹲地煮茶，亭外的溪边另一童子正用汤瓶汲水以备煮茶。明代的茶人并不满足于山林名泉间的潇洒悠游，他们还经常带着茶具泛舟游览。由此可见，在清风明月中，泛舟湖上品鉴香茗，与在山林陆地间的品茶相比有不同的一番风味。

（三）茶寮之趣

茶寮原本是寺庙中僧人的饮茶场所，后来随着茶饮之风的不断扩大发展，茶寮的意义和使用价值也逐渐扩大，一般用来泛指饮茶的小室或小屋，也包含了品茗的环境和场所。晚明时文人喜欢在幽静的小室中品茶，他们自己筑造茶室、茶寮，并隐身于其中细煎慢品。我们了解到，明代的茶寮有两种：一种是专室式，指专门另辟一室作为品茗之处；另一种是书斋式，也就是兼具读书与品茶的双重功能，也有在书房中摆设茶具来品茗，一般为文人书房案头的喝茶所在，并用以在诵读之余休闲、消遣、会客，成为"左图右史，茗碗薰炉"。明代书斋式茶寮的记载很少在专门的茶学专著中出现，反而一些别记中有数量不少的记录。比如"坐久，佐一瓯茗，神气宜益佳""晚岁筑书室于西溪……客至，则焚香煮茗……虽久而弗厌也"都是对书斋式茶寮的描写。但是，无论是专室式还是书斋式的茶寮，都注重茶寮内部的舒适、雅致、幽静、洁净。

明代的茶文化较之以往的朝代进行了革新发展，相当发达。茶寮形式也绝不是以上两种所能涵盖的，对明代的茶人而言，茶寮不是用简单的场所就能概括说明的，它已经被赋予了更为丰富的文化和艺术内容。吴智和在专著《明代茶人集团的社会组织——以茶会类型为例》中说道："茶寮对于茶人，有如下五层意义：茶寮是陶冶性情修身养性的养心斋，茶寮是探索研究茶事科学的实验室，茶寮是志同道合的挚友们相互交流学习的演法堂，茶寮是当时学习饮茶泡茶法的讲习所，茶寮是爱茶嗜茶的茶友客人们品茗聚会的聚集地。"

当时许多茶书还从品茗的环境、场合、时间、茶客及童仆等方面提出要求，规范、确定了茶寮饮茶的宜忌。其中涵盖了品茶过程中诸多方面的要求：茶侣、场所、茶具、时间都需要具有适合冲泡的条件，以营造洁净、优雅、闲适、自然、宁谧的品茶环境。而在此当中，当然也有附庸风雅的虚伪之徒，但是这种尽善尽美的要求使茶艺文化在无形中得到了传承和发展，并由此最大限度地发挥了品茶的艺术功能，使人在品茶时得到了艺术的享受。明代才子徐渭在《徐文长秘集》中列举了种种品茶的环境，通过他的描述我们看到了明代茶人走向越来越高雅的品茗意趣和境界。诸如此类的论述在明清两代的许多茶书中都有详细记载和描写。明代许次纾在著作《茶疏·茶所》中对茶寮的地点选择，茶寮内炉灶、茶几等器具的摆放位置，以及茶寮中要注意的事项，有详尽的叙述和要求。许次纾对于饮茶的环境气氛进行了专门的研究，颇有自己的见解，他认为品茶应该在闲暇之余、心手闲适时，选择风日晴和的天气，在茂密的树林、青翠的竹间、清雅幽静的寺庙或道观，或小桥流水、舟车画舫之上等优美的环境中进行。他在《茶疏》中，将品茶的最佳氛围环境一一列举。如描写人心情的有：心手闲适，披咏疲倦，意绪纷乱。描写饮茶环境的有：明窗净几，洞房阿阁，小桥画舫，茂林修竹，清幽寺观，名泉怪石。还有描写天气状况的：风日晴和，轻阴微雨。描写艺术氛围的：听歌拍曲，鼓琴看画。描写茶友投缘的：夜深共语，宾主款狎，佳客小姬，访友初归。这些都为人们描绘了一幅充满诗意的茶寮画卷。

　　明代末期的冯可宾在《齐茶笺》中提出了"茶宜"有十三，也就是适宜品茶的十三个条件。一是无俗事缠身，可以有品茶的时间；二是有品位高尚、懂得欣赏茶的茶客；三是身心安静，在幽雅的环境中品茶；四是吟诗助兴；五是饮茶时若能泼墨挥洒，以茶相辅，则更益清兴；六是在清雅的庭院信步徘徊，时啜香茗；七是酣梦初起，以茶醒脑；八是酒醉未消，以茶解酒；九是用新鲜的果品摆放在茶桌上佐茶；十是茶室要布置得精致典雅；十一是品茶时要全身心投入去品味；十二是细细品赏，体会茶的色、香、味；十三是泡茶时有文静伶俐的茶童在旁伺候。除此之外，他又提出了品茶时的"七禁"，也就是饮茶时禁止的七个不良习惯：一是烹注不得法；二是茶具质量差且不洁净；三是主人和客人素质低下，没有修养；四是纯粹为了官场往来，不得已的应酬，失去了品茶的本真；五是食用了荤腥的食物来品茶，使茶的清淡之味尽失；六是忙于俗务，没有时间去细细品味茶的味道；七是茶室的布置俗不可耐，环境恶劣，使人难以产生饮茶的兴致。由此可见，饮茶环境除了需要具备合适的客观环境，主观心境也是其中重要的一环。

关于饮茶的禁忌及何种情况下不宜设茶事，不仅在冯可宾的"七禁"中有明确的要求，许次纾的《茶疏》中也对不宜饮茶的情形做出了列举：作字，观剧，发书简，大雨雪，长筵大席，翻阅卷帙，人事忙迫。关于饮茶的环境，他指出，不宜近阴室、厨房、闹市喧哗之地、小儿啼哭之处，远离野性人、童奴相哄、酷热斋舍等恶劣的环境氛围。

上述古代茶人们对饮茶环境的追求，并不是众口一致的，也有不同的观点和声音，有的认为是文人性灵生活的追求，也有的认为是附庸风雅不足道也。如许次纾关于品茶最佳氛围的观点虽得到大多数人的认可，但也有学者认为无非是清闲、雅玩，而茶人高洁的志向于此消失殆尽矣。晚明文人的生活追求也被认为"不过是风流文事，耗心志，有些人醉心于茶，将一生都泡在茶壶里。完全失去了那阔大的抱负与胸怀"。

总而言之，在品茶生活艺术化的过程中，茶人们注重在优雅的意境中去享受品茶的雅趣，讲究情景交融，努力地追求人与自然、人与环境的和谐相融。这是中国的茶文化深受中国古代传统文化的影响而产生的必然结果，全面体现了中国古代哲学中"天人合一"的思想精神。古代先哲认为，人与人、人与自然、人与万物都是和谐一体、共存于世的；"物我两忘、心心相印"，其实都说明了人与人、人与自然、人与万物和谐统一的最高境界。品茶，作为一种生活方式，也作为一门艺术修养，在享受欣赏的过程中以主客体的相互统一作为茶道修行的最高境界，中国茶道正是以古代天人合一的思想为基础而发展的。因此，对品茶空间环境的选择，对品茶茶友人品的挑剔，几乎都成了用来圆满完成品茗艺术的必要手段，也是体现茶人高雅情操的必备要素。

第七章　中国茶文化遗产资源保护与发展

第一节　中国茶文化保护的必要性

一、茶文化具有巨大的商业价值

中国茶文化不仅历史悠久，而且形成了完整的生产工艺，能够在现代生产中发挥极大的商业价值。中国茶文化作为非物质文化遗产，不仅包括中国的茶道精神，而且包括过去千余年形成的采茶、制茶和泡茶工艺，其中蕴含着中国古人的生活经验和特有的哲学智慧。

我国经济自改革开放以来迅速崛起，茶文化相关产业也随着经济发展的大潮不断壮大，中国独有的茶文化开始在经济市场中显露出巨大的商业价值。与茶相关的民间故事、景观遗址、制作工艺等都成为茶产业的一部分，并与旅游和服务业相互融合，开创出独特的经济链。茶树种植、采摘园、茶具设计和制作、制茶工艺、特色茶叶、茶画、茶诗、茶旅游等各种与茶相关的活动迅速发展，在各地都形成独特的茶文化产业。随着政府对非物质文化遗产的保护力度逐渐加大，地方企业开始有意识地保护和利用当地茶文化和特色技艺开发茶文化的相关产业，探索新型经济模式。

二、茶文化遗产保护的法律必要性

非物质文化遗产相比物质文化遗产更难保护和传承。非物质文化遗产都是经由家族世代相传而形成的，需要几代人的精心维护，但随着经济大潮的冲击，一旦这些非物质文化遗产得不到市场的肯定，难以形成显著的经济价值和社会价值，就可能会消失在历史长河之中。这就需要政府的宣传和保护，形成完善的保护机制，寻找和帮助传承人安心发展这一文化遗产。茶文化中的大部分来源于茶农，文化传承有赖于祖辈间的口耳相传，尤其对于一些制茶技艺，不仅需要祖辈的传承和长辈的指导，而且需要传承者不断地练习，只有经过长时间的打磨，才能真正将技艺一代代传下去。这种传承方式极为脆弱，一旦发生意外，就可能造成传承断裂，而且难以形成有效监管，不利于纠纷解决，严重时可能对地区经济产生影响。因此，建立完善的茶文化监管体系，增强茶文化遗产保护意识，将非物质文化遗产的保护纳入到监管体系之中，推动我国茶文化传承健康、有序发展。

第二节　茶文化遗产保护的范围及法律意义

一、中国茶文化遗产的保护范围

中国作为最先发现茶树并制茶、饮茶的国家，拥有丰富的茶文化。要保护茶文化遗产，首先要对茶文化遗产的概念进行界定，确定保护范围。茶文化遗产具有极为丰富的含义，不仅包含选茶、采茶、制茶，而且包括与茶有关的文字、建筑、地点等，既包括物质的，也包括非物质的。对茶文化遗产进行保护，无论物质文化遗产还是非物质文化遗产，都应纳入其中。

相比物质文化遗产，非物质文化遗产更难以进行有效保护，尤其是一些制茶技艺，它们不具有实体，需要靠人与人的传承来完成，甚至有些技艺无法简单通过文字记录来传承，而需要不断的实践磨炼才能掌握。另外，茶文化的形成与发展是伴随着人们的日常生活过程的，只有深入生活之中，才能深刻体会茶文化的内涵，茶文化也才能获得进一步发展。

加大对茶文化遗产的保护力度，不能仅针对茶文化的某个方面，或以商业价值的大小作为保护资源的分配标准，而是要从多个方面进行分析，避免茶文化形态的改变，使茶文化的发展陷入真空和停滞状态。正确界定茶文化遗产的概念，适当扩展茶文化遗产的保护范围，通过法律、法规等手段妥善处理遗产保护过程中遇到的问题，顺应时代发展的同时，保持传统茶文化的独特风味，使茶文化深入现代人的生活之中。

二、茶文化遗产保护的法律意义

我国是最早栽植茶树、饮用茶叶的国家，作为茶叶的故乡，传承、发展茶文化是我们必须承担的责任和应尽的义务。对普通民众而言，开门七件事"柴、米、油、盐、酱、醋、茶"，茶早就成为日常生活中最常见的必需品，不仅得到了人们的认可，同时也成为人们生活的一部分。

加强对茶文化遗产的保护，不仅要加强立法和宣传，而且要充分发动群众力量，只有真正引起民众的关注，才能取得切实有效的保护成果。建立、健全茶文化保护的相关法律，不仅能使茶文化遗产的保护得到进一步维护，而且是依法治国的重要举措。

第三节　我国当代茶产业对茶文化遗产保护的作用

茶被誉为是继火药、造纸、活字印刷术、指南针四大发明之后，中国人民贡献给全人类的第五大发明。茶产业作为中国传统文化的一个现实载体，通过茶道发展的产业现状可展望中国茶道的未来。

一、当代中国茶产业发展历程

中国是茶的发祥地，被誉为"茶的祖国"。中国茶叶的发展史就是一部世界茶叶的发展史。当代中国茶业的发展依据发展目标和路径分为以下四个阶段。

第一阶段是增加茶叶产量阶段（1950—1978）。在这一阶段，我国茶产业的发展方向主要是扩大经营，增加种植面积，扩大茶叶产量，以满足国内外市场的需求。

第二阶段是提高茶园"单产"阶段（1979—1990）。这一阶段我国正处于改革开放时期，茶产业正处于以科技促增长的阶段。茶树种植面积增长缓慢，但随着科学种植技术的普及，茶叶产量增产迅速。

第三阶段是提高茶叶品质阶段（1990—2000）。1990年以来，我国茶园面积基本稳定，茶叶产量增长缓慢，调结构、提质量成为这一阶段茶产业的重要任务。

第四阶段是综合发展阶段（2001年至今）。该阶段随着我国经济社会的快速发展和国际影响力的快速提升，文化对整个茶产业影响力的进一步扩大，实现了产业科技与文化的融合互动，产生了巨大的综合效益。

总体而言，中国茶产业朝着面积增大、产量提升的方向发展，但在不同的时间阶段增长速度是不同的，尤其是在步入2000年以后，中国经济真正步入发展"高速路"的同时，中国茶业的发展速度不断加快，中国茶园总面积和可采摘茶园面积连年扩大，茶叶产量逐年提高，茶业产值连年增加。中国茶园总面积、茶叶总产量居世界第一，茶叶消费市场发展快速，茶叶生产继续保持增产增收的态势，中国茶产业呈现蓬勃发展的新局面。

二、中国茶产业发展现状

1. 中国茶叶生产现状

改革开放以来，中国茶产业得到了迅速发展。自 2005 年超过印度后，中国成为世界茶叶生产第一大国，茶园面积和茶叶产量均居世界第一。2013年，尽管中国西南地区和长江中下游地区遭遇严重春旱与伏旱，但中国茶产业仍保持快速增长势态。根据农业部数据，我国茶叶产量及茶园平均产值在2013 年继续增产增收并创历史新高，茶叶总产值首次突破千亿元大关，达到1106.24 亿元，同比增长 17.7%。2022 年，全国茶叶产量达到 335 万吨，茶叶总产值达到 3180.68 亿元，同比增长 8.62%。茶叶产值的增幅明显大于茶园面积和茶叶产量的增幅，中国茶叶生产正在由依赖面积扩张和产量增加的粗放发展向提高茶叶品质和综合利用率的集约发展转变。

2. 中国茶叶加工现状

（1）茶叶生产机械化水平不断提升。我国茶叶产业技术水平与先进产茶国相比，存在较大的差距。我国茶叶生产一般为小作坊式生产模式，小型加工厂受资金条件的限制，存在厂房破旧、设备落后、生产条件不达标等问题，使生产出来的茶叶产品的质量难以保证，而且不同生产作坊的产品品质参差不齐，难以保证产品质量的稳定。

最近几年，国家出台了一系列农机补贴政策，茶叶机械进入农机补贴目录。此外，随着劳动力的加速转移，茶叶加工对劳动力技术和熟练水平的要求不断提高，劳动密集型的茶产业借助科技和机器开展茶叶栽培、管理、采摘、加工等劳作，越来越多茶企加快了利用茶叶机械来替代劳动力的步伐，使中国的茶叶机械化水平不断提升。

我国要努力加大创新力度，强化现有产品的升级换代，使茶叶机械设备与市场需求紧密结合，全面提升茶叶生产机械化水平，从而确保茶叶的加工品质和加工质量。

（2）茶叶深加工产业方兴未艾，茶产品呈现多元化。随着各种生物活动物质提取技术的发展，茶叶内蕴含的丰富天然活性物质逐渐受到医药业、食品加工业等的重视。但是，我国茶产品仍多为初级产品，茶产业存在技术落后、产品附加值过低等问题。茶叶深加工技术的前期投入过大，我国茶产业多为小型企业，难以单独负担这么大的投入，因而我国的深加工技术和相关设备研发远落后于发达国家。

随着近年来国家对茶产业的重视程度逐渐提高，并开始投入更多资金和人力用于茶产品的开发，我国茶叶深加工行业正在迅速崛起。目前，在茶多酚的提取和制备方面已经取得极大进展，并且我国已经能够在实验室条件下完成茶叶内茶多糖、咖啡因等商业价值较大的提取物的制备，但要实现工业生产仍有待于进一步的技术开发。另外，茶氨酸的工业生产技术还有待进一步完善。在下一阶段，将运用超临界二氧化碳萃取技术、微波和超声辅助提取技术、低温连续逆流提取技术、膜分离技术和柱色谱分离技术等多种创新技术，加大对茶叶深加工领域的开发力度。

以高新技术成果为依托的深加工产业拓展了茶产业的发展方向，茶叶提取物可以应用于医药加工、食品制作、日用品加工等，茶多酚是天然的抗氧化剂，茶皂素是重要的表面活性剂，它们都能够广泛应用于冶金、建材、日化加工行业。深加工技术扩展了茶产品的应用领域，有利于茶产品的多元化发展。

深加工技术多采用冷加工技术，对能源消耗量较小，对茶叶本身活性物质破坏性较小，所产生的茶产品更加符合健康、自然的消费理念，更能满足现代消费者的需求，经济效益远超传统茶产品。伴随着深加工技术的进步，各种新型茶产品将会在不远的将来出现在人们的日常生活之中，为人们生活带来方便的同时，也推动茶产业不断顺应时代，获得新的发展。

（3）名优茶加工实现科学化发展，茶叶资源有待高效利用。改革开放以来，我国茶产业结构得到不断调整，近几年名优茶产业发展迅速。据农业部种植业管理司统计，2022 年全国茶园面积 4995.4 万亩，茶叶总产量 335 万吨，其中名优茶产量 145.39 万吨，约占茶叶总产量的 43.4%，干毛茶总产值 3180.68 亿元人民币，名优茶产值 2446 亿元，占总产值的 76.9%。虽然名优茶在市场中所占份额较大，但名优茶的产量不大，无法形成大商品竞争，而且名优茶的加工生产仍存在不规范情况，有约 60% 的生产企业缺乏一致的生产标准，产品质量难以稳定，严重制约名优茶市场的发展和产业化优势的形成。针对以上问题，各茶区努力采取了各种必要的调控措施进行改进。例如，积极引导名优茶生产向标准化、清洁化、机械化、连续化方向发展，同时稳定产品质量，并对名优茶的等级和品类进行统一规定，根据产品种类制定加工标准，对各地企业的加工工艺进行统一，实现标准化和规格化生产，逐步使每一类名优茶都形成一定的生产量和销售量，增强了名优茶的市场竞争力。

不容忽视的是，近几年在茶叶过度包装，炒作礼品茶、豪华奢侈茶的影响下，老百姓喝得起并喜欢喝的中档茶市场却有所疲软。2022 年，茶叶市场的整体情况两极化发展态势明显：名优茶持续发力，市场份额不断扩大，中低端产品则夹缝求生。

同样值得关注的是，各地都把发展名优茶生产作为茶叶加工的重点，采的都是一个芽头或一芽一叶，而更多的一芽二叶、一茶三叶、一茶四叶、一茶五叶和夏秋茶资源并没有得到很好的利用。因此，若能在下一阶段进一步优化产品结构，增加深加工技术投入，以此来提高茶叶资源的利用效率，切实增加茶园的经济收入，增加茶园总产值。

（4）清洁化生产进程加快，质量安全水平提升。普及安全清洁化生产技术，实现茶叶的清洁化加工，是我国近阶段茶叶加工业应攻克的技术重点和难点之一。为保证茶叶产品的合格率，相关部门对茶叶产地、生产技术、包装方式、贮存与运输等进行了规定，要求茶园对茶树的生长和茶产品的生产进行监控，通过综合分析和评价茶叶产地条件，以确保茶叶产品的质量达标。

通过对茶叶产品生产过程的监控，基础生产过程必须严格按照技术规则进行，杀虫剂、除草剂、化肥等的使用受到合理限制。茶园通过广泛采用增施有机肥技术，提高土壤肥力，有效减少由成长环境造成的茶叶污染。另外，原料采摘、茶叶存放、产品加工和包装等整个生产过程都要保证清洁化管理，有效提升茶叶产品的质量。

目前，我国茶叶的内在质量和安全状况有明显好转，但仍存在一些不容忽视的问题，如茶叶中农药残留、重金属含量、有害微生物、非茶异物和粉尘污染，以及监管漏洞，茶叶清洁化生产工作还任重道远。

综上所述，我国茶叶加工正逐步朝机械化、规模化、清洁化方向发展。我国传统的茶叶生产多以家庭为单位，茶叶加工企业规模小而分散，加工方式以传统手工作坊为主。大规模产业化生产，有利于提高茶叶企业的生产效率，建立自有品牌，更有效地保证茶产品质量稳定、安全。

3. 中国茶叶流通现状

近几年，我国的规模化茶叶市场建设逐步完善，在茶叶集散货环节发挥了重要作用，而专卖店、超市、茶馆则成为茶叶销售终端的重要载体。除此之外，随着"O2O"模式的兴起，电子商务凭借低成本、高覆盖等特点异军突起，成为连接买方和卖方的一条重要渠道。

（1）流通主体多元化，流通渠道复杂化。目前，城乡茶叶流通的主体包括茶农、制茶公司、茶厂、茶产品协会和政府建立的服务机构。一般来说，茶农是中国茶叶产品流通最开始的主体。中国的茶叶销售主要分八种类型。

（2）茶叶流通循环系统基本形成。茶叶流通交易体系的基本形成，标志着茶叶市场逐步稳定。茶叶批发市场成为中国茶市最特别的一道风景线，首先在数量上占据优势，中等以上城市都会存在 5 ~ 6 个批发市场；其次类型丰富，批发市场分产地市场、销地市场、交易市场、网上市场。不同市场类型进行的交易种类有所不同。

茶叶批发市场多元化，根据地区特点、交易功能将茶市进行区分，有专门针对某些茶叶产品的专业市场，如以乌龙为主的安溪茶叶市场、以龙井为主的新昌市场等；有满足包含多种产品的综合批发市场，如北京、济南等地茶叶批发市场；还有专门针对加工环节的茶叶市场，如广西原料市场等。

（3）电子商务发展迅速。随着实体经济投入成本的增加，以店面售卖为主的销售渠道已经很难在市场中占据优势，通过网络技术有针对性地开展茶产业的电子商务活动，吸引新的消费群体，已经成为茶叶企业未来发展的重要方向。茶叶协会的发展速度跟不上茶产业的发展速度，难以满足茶产业与社会各界进行联通的需求，茶产业的快速发展必须建立能够适合新时期茶产业发展的社会中介组织。

（4）茶业会展经济火爆。就整体影响力而言，目前会展经济空前繁荣是中国茶产业最突出的特点。广州茶博会、武夷山茶博会、济南茶博览会、香港茶博会、杭州国际茶业大会、北京国际茶博会等规模较大、影响深远的茶博会的举办，标志着我国茶业会展已经逐渐形成规模，有实力和能力将我国茶产品推向国际。从蓬勃发展的茶会的经济效果来看，广州茶博会的参会者购物活跃度较高，香港茶博会的服务水平最高，国际茶业大会的规格最高。对各地茶博会的举办方式、成效进行分析总结，汇总出一套成熟的茶业会展发展模式。

（5）茶叶企业建立研发中心。贵州的国品黔茶研究院、广东的岭南茶叶经济研究院等在2011年挂牌成立，填补了我国茶企业缺乏自主研发能力的空白。到2011年年底，中科院成立茶产业研究中心，并邀请刘仲华、于观亭、高麟溢、李闽榕、张世贤、杨江帆、郑国建等茶业专家加入。

（6）服务体系需要实现产业化。我国茶业缺少专门从事茶类服务的部门和工作人员，服务活动杂乱无章，服务质量参差不齐，服务效果有效性差。茶业服务协会多由民间自发组织形成，缺乏政府和企业的支持，缺乏统一的服务体系。

（7）中国的茶文化与旅游息息相关。近年来，随着茶文化的不断普及，茶叶旅游快速发展，茶文化与旅游的结合更加紧密，尤其近年来社会对传统文化的呼声越来越高，茶文化在我国传统文化中占有重要地位，因而人们对茶文化的推崇越来越强烈，茶文化旅游业迅速兴起，成为我国茶产业的重要组成部分。

（8）茶叶管理与文化活动有机结合。随着社会各界对茶文化的接受程度的提高，茶馆成为新型经济活动和人际交往的重要场所。茶馆内茶文化与茶艺表演、茶道等相互结合，形成独特的经营管理方式，中国茶馆正在形成集休闲、娱乐与教育于一体的经营模式。

进一步对我国的茶馆进行对比分析可以看出，销区的茶馆大多能够紧密结合多种文化活动。例如，北京的老舍茶馆通过举办形式多样的文化普及和推广活动，每天穿插进行曲艺、戏剧等各界名流的精彩表演，以茶馆这一特殊的文化载体传承并弘扬了中国的民族文化及传统艺术；上海的湖心亭茶馆以弘扬中国茶文化为己任，通过围绕湖心亭品牌精心策划和连续举办"上海豫园国际茶文化艺术节"活动，邀请全国各地优秀茶企茶商展示茶文化，积极探索资本与茶馆的结合。

（9）茶艺表演日益多样化和特色化。随着各地茶馆的不断普及和全国性茶艺表演大赛的举行，茶艺表演作为一种展示烹茶饮茶的艺术逐渐深入人心。特别是不同地区的茶文化表演能够实现中国传统茶文化和不同民族风情的完美融合，推动不同地区的文化交流，进一步丰富中国茶文化的内涵。

2022年，在"马连道杯"全国茶艺表演大赛中，来自多个少数民族地区的茶艺表演队伍带来的诸如《乌撒烤茶》等茶艺表演，充分围绕"弘扬茶文化、繁荣茶经济、促进国际化、推动茶发展"的理念，让消费者领略了一种古老而时尚的生活方式，彰显了灿烂悠久的中华茶文化。《傣族竹筒茶》等不同民族的茶艺表演随着连续6届全国民族茶艺茶道表演的举行，也不断为消费者所知。

除了国内不同地区的茶艺表演不断推陈出新，我国的茶艺表演还通过走出国门或是请人进来，实现了国内外茶艺表演的交流。2022年，我国邀请韩国茶文化研究会与杭州茶艺表演队的茶艺师们同台表演，邀请日本静冈县的茶道联盟赴浙江省举行茶艺表演。除此之外，我国的茶艺表演也走出国门，先后赴印度尼西亚、阿联酋、泰国、美国、俄罗斯等国家和地区通过茶艺演绎中国茶文化，助推中国茶产品走向国际。

第四节　茶文化的旅游开发项目发展

一、茶文化旅游的概念

茶文化旅游主要指将茶文化作为旅游资源吸引游客认识、了解、参与、消费茶文化产品的经营方式。旅游资源主要分为两类：自然景观和人文景观。茶文化既包含自然景观部分，也包含人文景观部分。所谓旅游资源是指能够满足游客需要的客观存在，无论是自然景观还是人文景观，都必须能够引起游客的兴趣，满足游客观赏、参与或学习的需要。以茶文化作为旅游资源可以根据物质特性分为软资源和硬资源：硬资源是指茶园、茶山、茶树，以及种茶、采茶和制茶的工具、茶叶产品、茶书、茶具、茶室、茶画等，能够以实物吸引游客的茶文化；软资源是指茶艺、茶俗、茶歌、茶舞、茶诗、茶史等，以无形的方式引发游客的情感共鸣。茶文化旅游将这些硬资源、软资源有机融合到一起，形成独特的旅游条件。例如，将茶山与茶文化相结合，构建幽静、秀美的环境氛围，烘托茶文化中淡泊、清雅之感，吸引游客驻足欣赏、居住体会。再如，将茶室文化与茶艺表演相结合，以茶为载体，给游客以特别的视听享受。另外，还有茶文化与地方民俗结合、茶具文化与制茶工艺结合、采茶过程与农家乐结合等多种组合方式，茶文化丰富的旅游资源都能够开发形成丰富多彩的旅游产品。

茶文化旅游能够涵盖观光、体验、娱乐、购物、商贸、学习、度假等多种元素，就在于茶文化与旅游业之间的相通之处。

（一）产茶区与风景区的结合

旅游是放松身心、寻访美和探求知识的过程，在茶叶产地发展旅游业具有天然的优势。首先，茶树受自身生长条件限制，只能生长在污染率低、水资源丰富的位置，这些产茶地多位于丘陵地区，自然秀丽、气候宜人，适宜人们居住和疗养。其次，我国茶树种类繁多，茶叶形态、茶花颜色、茶树姿态等都是丰富的造景元素，能够成为景观的一部分。例如，西湖龙井的产地杭州就是著名的南方园林聚集地，茶树在其中既是景物的一部分，又可以作为观赏的主题。还有黄山毛峰的产地、武夷岩茶的产地等，这些地区除了名茶外，最值得称道的就是优美的环境和深厚的人文，以此为基础发展旅游业，必定能吸引诸多旅游者前来。

（二）民俗旅游是旅游形式的一种

民俗旅游是指在游历过程中通过参与活动、聆听故事等方式，见识、了解不同地域的风俗习惯和生活方式的一种旅游，在最近几年尤为盛行。茶俗本身就是民俗的一部分，而且各地茶乡因地域环境、气候条件的不同，茶叶处理方式也有所不同，生活方式存在差异，但各地都有自己特有的茶俗、茶史，去到不同地区、不同环境之中，感受不一样的茶俗，品味中国丰富的茶文化，对游客来讲，更是一种特有的感受。

（三）茶文化旅游符合人们对文化、历史和美学的需求

从心理学的角度来看，人们离开居住地到陌生的地方旅游，本身就带有冲破思想枷锁、获得精神超越的意味，尤其对于现代人，生活节奏加快，工作、生活、人际交往带来的压力日益加重，人们在日常生活中得不到放松和休息，所以人们通过旅游来释放内心的疲倦和苦闷，从而缓解生活的压力。茶文化本身淡泊、宁静的文化内涵，对现代人尤其具有吸引力。茶文化传达出的明净、悠远、清新的精神特点带有一丝禅意，能够给人以宽慰和疏解。我国各

产茶地都有独特的制茶历史，形成了不同的茶文化，有些地区因为文人墨客的造访而留有大量的历史遗迹。另外，不同历史时期的茶画、茶诗、茶具，也能品出时间的味道。茶文化旅游除了以茶本身作为主题进行文化开发外，还可以将品茶故事、制茶工艺、茶具、茶园等作为主题进行开发，茶文化的丰富内涵仍有待于后来者继续开发。

二、茶文化旅游的类型

我国现有的茶文化旅游按照旅游资源的特征可分为以下几种类型。

（一）自然景观型

自然景观是最得天独厚的旅游资源。茶文化旅游开发之初，以名山大川、秀丽山谷为主进行开发，一方面能够降低开发成本，增设多条旅游线路，另一方面，风景秀丽的自然景观能够为现代城市人提供心灵的归所，更能吸引年轻的游客。近年来，随着国民经济的迅速发展，尤其是交通方式的极大便利，旅游业发展呈现复杂化、丰富化的趋势，各种自驾游、散团游等成为年轻旅游者的首要选择，茶文化旅游要适应时代的发展，必须在自然景观的基础上增加旅游深度，进行多元化、高层次开发，将简单的观光旅游向增加参与度、增加体验方式等方向发展。

例如，在黄山，当地旅游部门将茶文化作为特色资源进行打造和开发，立足当地名茶起源地，进行生态茶公园建设，并专门开辟出以"茶家乐"为中心的旅游专线，树立文化旅游城市的形象。另外，杭州的西湖龙井和十八御茶，也成为当地茶文化旅游开发的重点，通过组织高级别、高水平的茶博会，进行茶文化、茶历史研究，组织各种类型的茶事活动，普遍提高当地人们对茶文化的认知。近几年，杭州又开始开发新型旅游项目，通过介绍整个制茶流程和杭州茶叶产品的流通过程，让更多人了解和信任杭州茶产品，推进文化传播的同时，刺激旅游者消费。

（二）茶乡特色型

尽管中国的茶叶生产地区并不都是名胜或古迹，但这些地方的风景却肯定是优美的。一些茶叶生产者或茶园经营者认识到茶文化对茶叶产品的重要意义，纷纷探求自家茶产品与茶文化的相关性，并通过创新经营办法、转变经营方式和结构开创出带有农家性质的茶文化旅游形式。这种发展方式在提高地区经济效益的同时，也使茶文化在新时代获得更多发展，使茶产业与茶文化共同发展，呈现共赢的局面。

安溪是乌龙茶的产地，安溪铁观音更是国家级名茶。近年来，随着茶文化旅游事业的发展，安溪地区开始推动茶产业与茶文化的融合，开发当地茶文化旅游资源。2000年年底，安溪举办首次茶文化旅游节，以安溪乌龙茶的发展历史为主题，从传说、故事、民俗、茶艺、茶诗等各个角度对茶文化进行诠释，并将"斗茶"这一宋时兴盛起来的传统茶事推广开来，各地游客在加深对乌龙茶理解的同时，感受到安溪浓厚的历史沉淀和淳朴的乡土气息。在此基础上，安溪旅游部门创新发展模式，立足当地茶文化资源，开发"试验茶园""生态旅游""假日疗养"等各种旅游方式，给游客更丰富和立体的享受。仅两年时间，安溪茶叶园区就接待游客超过100万人，境外游客约5万人，创汇收入近亿元。

新昌是中国新兴的茶叶产区，茶业发展带有更多的现代气息。在上海国际茶文化节时，通过各种风格的茶乡游、茶园摄影等活动，推广当地茶产业，并与举办方合作承办茶文化闭幕式，借此奠定了茶文化旅游的基础。新昌地区具备浙东地方茶业特点，借助浙江第一大佛像、戏剧故乡、影视基地等资源，开发旅游项目，再结合茶艺表演和茶知识宣讲等，持续保持当地茶文化旅游的热度。自1996年以来，新昌就开始着力打造自己的茶叶品牌"大佛龙井"，并不断拓展北方市场，在2000年左右成功进入山东市场，在济南成立专门销售基地，大幅度提高"大佛龙井"的知名度。新昌地区距离上海较近，能够通过与大都市合作开发更多新型旅游项目，为茶文化旅游注入更多活力。

　　余杭地区位于杭州与上海之间，是江苏、安徽和上海的门户，环绕西湖、宁波交通便利、经济发达、历史悠久。余杭地区发展茶文化旅游，名胜景观丰富、自然环境优美、人文气息浓厚，具有极为便利的条件。唐代古刹径山寺位于余杭区径山镇，相传"国一禅师"法钦和尚曾来此传教，南宋时期宋孝宗至此游玩时曾亲笔上书"径山兴圣万寿禅寺"八字，鼎盛时期寺内僧众超过千人，有东南第一禅寺之称。宋理宗时期，日本南浦昭明禅师曾至径山寺诵经求学，回国后将径山寺的茶宴、茶艺一并带回，日本茶道文化由此兴起，因而径山寺被日本称为茶道之源。径山镇还有一茶文化的重要名胜之地——双溪陆羽泉。相传"茶圣"陆羽著述《茶经》时曾在双溪结庐而居四载，并将当地茶事录入其中。余杭地区每年都会以此为契机，召开茶文化活动，以纪念和发展茶文化。近年来，余杭地区通过旅游将地区文化广泛传播，不断提高地区经济水平，发展独具特色的旅游产品。

　　在茶叶产地发展茶叶旅游，主要存在以下问题：一是交通条件和住宿条件不能适应旅游业的快速发展；二是茶叶产地多为农村，旅游市场处于起步阶段，对经济效益的重视大于当地文化的发展，因而旅游产品的设计、服务人员的数量和水平都滞后于地区经济的发展；三是在当地茶文化旅游资源开发方面，从众现象严重，部分地区缺乏地方特色产品的开发，产品定位不适合市场的发展，盲目模仿成功旅游产品，甚至存在庸俗化的趋势。

（三）农业生态型

　　生态旅游是近年来旅游业的新宠，发展起点高、速度快、发展空间和盈利空间都很大。根据世界旅游组织的调查数据，2002 年一年生态旅游收入占旅游业总收入的 10% 以上，而且近年来生态旅游的增长率仍在持续提高，是各类旅游产品中增长最快、增幅最大的旅游项目。农村是生态旅游的重要领域，农业生态型旅游的资源包括乡土文化、生态条件、生活方式、生产方式等茶农生活的各个方面，带有原始农耕时代的生活方式对现代中国人具有极大的吸引力。

　　农业生态旅游作为旅游业发展的新项目，目前存在着诸多问题：开发者对生态旅游的概念理解不深入，旅游项目仍停留在观光、休闲的层次，旅游者参与度不高；忽视文化元素，难以形成吸引旅游者的情感因素；缺乏可持续发展意识，不重视自然环境的保护。目前，我国茶文化中农业生态型资源的开发应与茶园文化、历史典故、茶艺表演和现代服务相结合，形成农业生态旅游的产业链，满足现代人体验农耕乐趣的需求，获得身心放松和情绪舒缓，同时能够了解和学习更多茶类知识。

　　英德红茶是广东茶产业的重要支柱，英德是当地最大的茶叶商品出口基地。1998年，英德在政策引导下开始建立生态旅游园区，以茶叶为中心进行园区设计，形成了集观光、学习、体验、参与于一体的茶园社区，并将茶类产品的宣传与销售与旅游相结合，开展各类品茶活动。自建成以来，英德茶趣园每天接待游客都超过百人，形成的经济效益将当地茶农收入提高一倍。英德茶趣园将茶文化与当地农家的质朴联系起来，与周围旅游名胜相互配合，实现了共赢。

　　广东梅州市的雁南飞茶田度假村，是在荒山上建立起来的度假村，通过推广茶田风光，发展新型旅游名胜。客家文化、茶文化在茶叶种植、茶艺传承和茶诗、茶画创作过程中不断融合，形成了独特的旅游资源，旅游者到度假村中体会到的不仅有自然风光和农家乐趣，而且能够深切感受到时间与文化的碰撞，感受到不同文化间的相互融合。

　　重庆西部的永川地区是川南地区重要的文化集聚中心和物资集散地。位于永川中部的箕山山脉是我国最古老的产茶地之一，现存的两万亩茶园是亚洲规模最大的茶园。永川市内的茶山竹海景区是在箕山山脉的自然景观和万亩茶园的基础上设立的，景区内引入观光茶园（中华茶艺山庄），为旅游者提供各种茶文化服务，旅游者还可以参与采茶和制茶的过程，领略茶的特殊风情。景区内不仅有茶树，还配合有其他景致，如竹园就曾作为《十面埋伏》的拍摄地出现在电影之中。近年来，随着文化旅游的热度持续提高，景区内也开始举办各种茶文化旅游节，更是承办了 2003 年、2005 年的国际茶文化旅游节活动。茶山竹海景区在发展生态旅游方面具有天然的优势。

（四）人文考古型

茶文化在我国有着悠久的历史，与茶相关的奇闻逸事、古时候传下来的茶具、流传下来的与茶相关的礼仪，这些都不受地域的限制，经历了上千年的发展，不管所在的地方产不产茶叶，也都会对这些事物有一定的了解。自古以来，茶都与其他一个或多个艺术形式共同出现，展示给人们它的美学特征。这种美一般都是无形的抽象之美富有深厚的文化内涵，给人带来的是一种精神上的享受。这种类型不同于生态型和观光型，其突出的特点是能够让到此旅游的人们获得更多的知识和文化体验，开阔眼界。

1987 年，陕西法门寺的地宫被发现，出土了大量唐代茶具，为考古工作提供了珍贵的物证，对唐代茶文化和茶道的考察具有非常重大的意义。由此，"法门学"便产生了，法门寺博物馆对其进行了深入的研究，"宫廷斗茶""清明茶宴""茶文化历史陈列大厅"等极大地提升了法门寺旅游品位，使法门寺成为最具代表性的、最成功的非产茶区茶文化旅游地。金沙泉遗址、唐代贡茶院遗址等一大批具有悠久历史的景点都是以茶为主的旅游资源，它们的文化底蕴十分丰富，受到了政府和国家的重视。

（五）修学求知型

茶文化在我国有着悠久的历史，自唐朝以来，茶文化伴随着宗教的传播和贸易的进行而不断发展和传播，如今的茶文化已经传到了世界各地，受我国茶道影响最大的国家是日本和韩国，经历长期的发展演变，在日本和韩国已经形成了具有当地特色的茶文化。因此，经常会有一些国外（尤其是日本和韩国）的朋友来到中国，到那些茶文化景观地进行修学旅行，如浙江余杭的径山、陕西扶风的法门寺、浙江台州的天台山等。另外，还有一些国外朋友会选择到中国茶文化之乡学习茶艺，品鉴名茶。也有一些国外朋友和学者到中国考取相关证件，包括评茶员和茶艺师等。

一般选择这种旅游形式的人多为外国游客，他们有极强的目的性，来旅游不仅是为了观赏，更重要的是学习茶艺，感受文化氛围，让自己进步。这种旅游地多为专门茶文化研究的单位，发展空间极其广阔。此类型的旅游地面临的一个问题是如何解决前来进修人员的饮食、住宿问题。单从培训角度来说，让国外朋友了解我国的茶文化也不是一件简单的事情，不是单纯的会翻译成外语就可以了，还需要安排好他们的饮食和住宿，让他们在生活中体会中国的茶文化，提高他们对旅游地的满意度。

（六）都市茶馆体验型

自古茶馆在我国大小城市就非常流行，比较有名气的有湖心亭茶楼（上海）、老舍茶馆（北京）、顺兴老茶馆（成都）、湖畔居茶楼（杭州）。在这些茶馆中，可以体验到这个城市的生活气息，它们好比是一个窗口，让你透过这个窗口可以感受到这个城市的生活，而且不同城市的茶馆给人的感觉也是不同的。都市茶馆体验型就全国而言，无法一言以蔽之，还是就某个城市具体讨论为宜，故在此不详加叙述。

上面所介绍的六种关于茶文化的旅游类型只是一个总结性的分析，实际上，当前茶文化旅游类型并不一定是单一形式存在的，部分地区的茶文化旅游往往集中了多种形式。当然，也会有一个旅游主题包含多个不同地区，某一专线由多个地区组成等情况。这在一定程度上满足了游客的多重需要，而且提高了当地旅游产品的价值。

从目前来看，茶文化旅游在我国已经有了初步的发展，正在一步一步走入成熟阶段。未来的茶文化旅游发展应当以与其他旅游资源的整合为依托，突出茶文化特色，保证旅游产品的丰富性。只有这样，我国的茶文化旅游事业的壮大才会实现。

三、开发基于茶文化的旅游产业

茶文化旅游是一个非常重要的领域，要想开发基于茶文化的旅游产业就必须制定相关旅游规划，并且要保证规划的科学性、可行性和标准化。笔者根据自身经验总结出了以下几点建议。

（一）茶文化旅游需要政府的引导

政府在茶文化旅游中起着十分重要的作用，茶文化旅游的推广与发展离不开政府的正确引导。政府的引导具体可以从以下几点做起。

1. 政策倾斜

政府应当在政策上予以一定的支持，引导旅游产业的发展方向。

2. 对茶文化旅游做出宏观规划

政府应当积极参与到旅游产业的开发中，召集相关专家进行讨论，确定未来的发展方向及整体的发展目标。同时，还要对当地的茶文化旅游资源进行市场调查和分析，宏观上做出统一规划。

3. 在资金上予以支持

旅游开发是一项较大的工程，前期的准备开发阶段需要大量的资金投入，茶文化旅游也是如此。因此，资金问题就是摆在面前的一个最现实的问题。政府应当积极加大财政投入，引导相关企业注入资金，同时还可以倡导社会捐款和集资等来解决资金问题。

4. 加大宣传力度

在茶文化旅游的宣传上，政府应当起带头作用，推出当地旅游品牌，展现当地热情好客的精神风貌。同时，对内要提高从业人员的基本素质，倡导茶文化精神，营造健康和谐的投资平台，提高旅游环境的吸引力。

此外，政府应当加大整治力度，杜绝恶性竞争，消除一切扰乱市场秩序的因素，避免这些因素破坏当地的旅游形象。

（二）旅游开发要注意方式方法

不论是茶文化旅游开发还是其他旅游开发，很大程度上是出于商业价值角度的考虑，但是为了保证产业的可持续性与和谐性，又要考虑原生态开发。因此，就形成了商业开发与原生态开发之间的矛盾。摆在眼前的问题是，到底选择商业开发还是原生态开发。

在这一问题上，需要对相关因素进行具体分析，采用两种方式相结合的办法进行旅游开发。首先，需要掌握当地的经济发展状况，旅游地点周边的交通状况如何，是否容易到达旅游地，对游客的数量有一个较为准确的预期，分析游客的购买力等。其次，在旅游开发时，应抓住重点进行开发，同时还要注意开发的批次和进度安排。选择性地采用原生态开发和商业开发，如历史文化名镇（村）、茶马古道等就可以选择原生态开发，保持其原有的文化意境，当然也可以选择商业开发；而一些偏的地方和经济条件较落后的地方采用原生态开发则是最好的选择。在开发过程中，要集中有限的钱，办重要的事。将旅游建设重点放在文化名镇（村）上，然后扩大开发范围。

（三）开发旅游产品

旅游产品收入是旅游收入的一个重要组成部分。茶文化旅游的开发也要开发相应的旅游产品，旅游产品的开发应紧紧围绕茶来开展，重点突出茶文化的特点。同时，要避免形式过于单一，可以将茶与其他类型的旅游资源组合起来进行开发，或把茶文化旅游开发作为整体开发的一部分进行综合开发。

（四）开展各种形式的茶文化生态旅游活动

在旅游产品开发的同时，还可以开发一些茶文化相关的生态旅游活动，如茶艺表演、名茶品鉴、骑马、马帮表演、茶园采摘、茶艺学习、茶乡风情体验、感受茶马古道、购买纪念品等。

（五）优化茶文化生态旅游发展机制

目前来看，需要依据相关的法律、法规，对旅游市场和茶叶市场进行整治，规范市场行为，提质增效，促进茶文化旅游的发展。当前，中国茶叶市场较为混乱，尚未形成统一的规范和标准，因而应当加强管理，制定统一的国家标准，规范茶叶市场。

第五节　茶道的未来走向

近几年，茶叶行业逐步走向成熟，竞争加剧，消费市场波澜起伏，各类资金注入行业，包括上游生产、下游消费终端，在品牌化运营之后，茶叶行业将逐步进入微利时代。那么，中国茶产业与中国茶道的未来又将如何发展？

一、茶叶生产与消费逐步向现代化发展

（一）茶叶的生产方式逐渐走向现代化

多年来，传统茶叶生产在我国大多是以手工作坊的形式存在，基本上都是以家庭为单位。这种形式的茶叶加工不仅规模较小，而且比较分散。这种小规模的手工作坊无论是管理水平还是技术手段都比较落后，生产出的茶叶品质也是参差不齐，没有品牌更谈不上什么知名度，而且类似这种生产企业缺乏市场营销策略，市场竞争力比较低下。

如今，茶叶生产加工的规模不断扩大，不再是以前的基于家庭的手工作坊，逐步形成了工厂，开始了初步的机械化生产，并使茶叶生产逐步走向产业化。如此一来，随着生产规模的不断扩大，茶叶生产效率得到了大幅提高，产品的质量也有了更高的统一标准，品牌的建立也提高了茶叶在市场上的竞争力。相信未来的茶叶生产终将实现现代化生产，规模化、产业化、机械化生产将成为茶叶行业发展的必然趋势。

（二）茶产业的衍生产业往纵深发展，茶饮料市场潜力大

随着越来越多的商家进入茶产业，茶产业的衍生产业也越来越向纵深发

展。未来几年，茶餐饮、茶文化推广、茶具行业、书画行业等一批围绕茶产业衍生的产业会更加迅猛地发展。

2008年以来，我国饮料消费市场日渐繁盛，各种饮料品牌层出不穷，让消费者品尝到了各种口味的饮料。从目前市场上销售的饮料来看，各种口味应有尽有，满足了广大消费者的口感需求，然而有一部分饮料虽然喝起来感觉很好，但说它们是健康饮品似乎还没达到那个标准。如今，人们的生活水平逐步得到了提高，对健康的关注也越来越多，越来越多的人开始关注科学饮食。这在一定程度上为茶饮品的发展提供了一个广阔的空间，未来前景一片大好。

（三）未来消费者对茶叶的需求将会进一步提高

自古以来我国人民就喜欢喝茶，茶是我国最具代表性的商品之一，如今茶叶已经成为我国广大人民的生活必需品，随着经济的不断攀升和人民生活水平的不断提高，茶叶的消费也会得到进一步提高。茶叶是一种传统的饮品，兼具天然性与健康性两大优点，相信未来会有更多的人爱上喝茶、品茶。同时，随着人们生活水平、审美水平及生活品位的不断提高，会对茶叶的口感、质量及品牌提出更高的要求。

（四）茶叶消费习惯将逐步打破地域性

众所周知，地域对人的影响是非常大的，这在一定程度上是受限于特殊的地理环境和交通状况。以前交通条件比较落后，人口流动相对较小，茶叶生产也具有地域性，因而形成了各地的茶文化和饮茶习惯。购买茶叶的客户一般也会选择临近购买，这样一来茶叶消费就表现出了一定的地域性。

近年来，随着交通运输的快速发展及物流业的兴盛，不仅缩短了地域之间的距离，社会的发展也在一定程度上加大了人员的流动性，极大地带动了茶叶的销售和推广。茶叶消费习惯正逐步打破地域性，如今茶叶生产厂商可以将茶叶销售到全国各地，甚至卖到国外，消费者在家中足不出户也可以买到想要的茶产品，消费者的选择更加自由和多样。

（五）越来越多的年轻人喜欢上了喝茶

以前，在我们印象中好像喝茶的大多是中老年人，而碳酸饮料、鸡尾酒和咖啡等饮品才是年轻人喝的。然而，这一传统观念正在逐步被打破，越来越多的年轻人喜欢上了喝茶。茶文化作为中华文化之一，在一定程度上代表着我国的传统文化，年轻人喝茶也是对传统文化喜爱的一种潜在表现，尤其是这几年随着市场对茶文化推广力度的加大，茶在年轻人生活中也占有越来越重要的地位。

二、文化营销引领茶业潮流

（一）出口型、原料型茶企向内销型、品牌化转型

中国是世界第一产茶大国，绿茶和红茶出口占世界前列。近年来，中国茶叶出口遭遇严重"绿色壁垒"，欧盟、美国、日本等国家和地区不断修改或制定更严格、更广泛的标准，导致越来越多传统的出口型企业开始转战国内市场。另外，消费者收入水平逐渐提高，进而带动了周边的消费水平，下游客户对茶叶消费的需求也不断提升。随着人们消费水平的不断提高和对健康的日益关注，消费者更加重视茶叶的质量和品牌，茶叶销售向品牌企业集中的速度加快。

许多传统的生产型企业看到茶叶品牌运作的力量，纷纷实施生产、流通两条腿走路的战略，加大品牌建设的力度。预计在未来，茶叶市场会出现越来越多的新品牌、新面孔，而各企业品牌之间的竞争也愈演愈烈，会有一大批小品牌被市场淘汰，而一批运作得当、宣传得力的品牌将成为更大的赢家。

（二）单一经营继续向多元化经营模式过渡

目前的传统模式难以成就大规模的企业，多元而完善的销售渠道能够提升品牌知名度，是消费品生产企业形成市场竞争优势的关键。与传统的单店

单一经营模式相比，连锁经营可通过复制销售终端模式，塑造企业品牌在该品类茶叶中的形象与地位，也能保证"客单价"和提高客户忠诚度，便于产品推广和销售。依市场发展情况来看，未来的茶叶销售将是复合销售模式。从茶文化角度来看，多元化销售模式可促进健康、科学的饮茶方式的推广和茶文化的推广，进而提升茶企的核心竞争力。

（三）文化营销仍然是茶叶营销的主要手段，茶业电子商务蓬勃发展

如今，人们的生活质量得到了不同程度的提高，消费理念也逐渐发生着改变。如今的消费追求不再只是满足自己对物质的需求，更多的是想要获得一种情感的寄托和精神的享受。如今的消费需求已经从物质转向了精神，或者说是转向了文化。如今的茶文化营销突破了早期狭隘的营销视野，不再是单一茶叶产品的销售，而是被赋予了全新的、丰富多彩的审美情趣和文化内涵，完全符合人们的需求和当前的消费趋势。茶文化营销的传播过程有着"润物细无声"的效果，能潜移默化地、长久地影响到消费者的消费心理，进而影响其购买决策行为，是未来的主要营销手段。

（四）茶企业上市将进入高峰期

继"天福茗茶""龙润""大益""武夷星"等茶企业进入股市，一些品牌影响力巨大、基础雄厚、运作得当的企业也相继向股市迈进。未来的趋势是茶企业的"盘子"将越来越大，而茶产业有望成为烟、酒行业之后，中国消费品行业的又一巨头。

（五）茶叶店转盘频繁，茶文化会所数量激增

因为茶市火爆，越来越多的人开始进入这个行业。但是，也有很多人为此缴纳了巨额的学费，其中茶叶店转盘频繁，就是一大表现。另外，茶文化会所激增也是这个行业迅猛发展的一大表现。许多企业将更多地以会所的形式在一地安营扎寨，以此实行企业文化和品牌的软推销，使茶文化会所成为

茶叶销售的前沿阵地，成为品牌推广的前沿阵地。

（六）各大城市兴建茶城，茶叶地产泡沫产生

目前，在全国主要的大中城市都建有规模不等的茶叶批发零售交易市场，这些市场在一定程度上反映了消费者对茶叶持续增长的消费热情。但与此同时，过热的地产建设也势必催生茶业地产泡沫。随着茶叶销售渠道的多样化，传统的茶叶店批发零售的形式是否能够满足新的消费需求，茶企业为此负担的巨额房产租金是否在一定程度上增加了企业的销售成本，已经成为商家探讨的新问题。

三、中国茶产业与茶文化任重道远

（一）茶产业日渐成为主要产茶地的支柱产业

中国从中原到南方共有 17 个产茶省，茶产业模式也逐渐实现了转型和升级，不再只是停留在第一产业，第二产业和第三产业也有了茶的影子，如今第二产业和第三产业已经成为茶的主要产业模式，茶产业在产茶区的支柱性日趋明显。这种情况在安溪、信阳、武夷山、安化、云南等茶叶资源优势明显的地区尤为突出。

（二）茶文化成为弘扬中国传统文化的一个支点

随着时代的发展和社会的进步，社会风尚也在潜移默化地发生着改变，"和而不同"及"与邻为伴、与邻为善"精神得到了进一步发扬，茶文化的张力在无形中得到了彰显，成了中华文明的传播载体。作为一个横跨农业、机械制造、贸易、文化等各个产业的综合性产业，对立志弘扬中国传统文化的文化产业来说，茶文化产业是其不可忽视的一个重要支点。文化强国，茶道先行，在发展文化产业的大形势下，中国的茶产业一定会获得更大的发展空间和更多的发展机遇。

参考文献

[1] 李岚，王婧．中国旅游业普通高等教育应用型规划教材 茶艺与茶文化 [M]．北京：中国旅游出版社，2021，6.

[2] 陈荣冰．乌龙茶种质资源创新与应用研究 [M]．北京：中国原子能出版社，2021，1.

[3] 舒梅，唐前勇，张春花主编．茶学概论 [M]．成都：电子科学技术大学出版社，2020.12.

[4] 沈苏文．画说都匀毛尖茶 [M]．长春：吉林出版集团股份有限公司，2020.10.

[5] 常辰，孟娇．茶流风尚：中式茶空间设计 [M]．北京：机械工业出版社，2020，6.

[6] 三明茶志编纂委员会编．三明茶志 [M]．福州：海峡文艺出版社，2020，5.

[7] 贵州省农业农村厅组编．茶高效栽培与加工技术轻松学 [M]．北京：中国农业出版社，2020，3.

[8] 薛萌，张敏，陈凤娇．茶文化与茶艺实践 [M]．北京：航空工业出版社，2020，1.

[9] 江苏省宜兴市茶文化促进会，中国农业科学院茶叶研究会．壶韵茶香 [M]．桂林：广西师范大学出版社，2019.10.

[10] 郭翔．万物由来 茶的由来 [M]．北京：北京理工大学出版社，2019，8.

[11] 张柏．茶文化 [M]．北京：中国文史出版社，2019，8.

[12] 田碧波 . 茶艺服务 [M]. 重庆：重庆大学出版社，2019，6.

[13] 文礼章 . 中国虫茶 [M]. 北京：科学出版社，2019，6.

[14] 刘少雄，周淑华 . 中国天柱养生茶文化 [M]. 北京：中医古籍出版社，2019，5.

[15] 黄艳红 . 保护传承发展 中华传统茶道与茶文化遗产资源探析 [M]. 沈阳：辽宁大学出版社，2019，4.

[16] 木霁弘 . 茶马古道文化遗产线路 [M]. 昆明：云南大学出版社，2019.

[17] 张清改 . 信阳茶史 [M]. 郑州：河南人民出版社，2019，1.

[18] 黄凌云，王小琴主编 . 茶文化与茶艺技能 [M]. 镇江：江苏大学出版社，2019，1.

[19] 许利嘉，肖伟，刘勇，彭勇，何春年，肖培根 . 再论茶文化的起源、发展与功能定位 [J]. 中国现代中药，2012（10）：68-70.

[20] 陈丽琼，董小陈 . 茶文化的起源、发展与三峡地区出土的唐宋茶具 [J]. 长江文明，2008（1）：61-75，127，76.

[21] 茶的起源和发展 [J]. 支点，2017，（1）：59.

[22] 史靖昱 . 普洱茶的起源、发展与兴盛 [J]. 中国茶叶，2021（8）：72-76.

[23] 王巍 . 从文化主体角度论中华茶文化的起源和传播 [J]. 农业考古，2022（5）：18-26.

[24] 蒋云刚，周娴婷 . 我国茶歌的起源和发展 [J]. 福建茶叶，2016（11）：311-312.

[25] 秦沛 . 英美文化中的茶文化发展研究 [J]. 福建茶叶，2021（12）：275-276.

[26] 姜耘 . 日本茶文化发展研究 [J]. 武当，2021（14）：187-188.

[27] 屠幼英，杨雅琴，释志祥 . 中国禅茶文化的起源与日、韩传播交流 [J]. 中国茶叶，2019（12）：56-59.

[28] 王磊，杨媛媛 . 武当道茶的起源和发展 [J]. 档案记忆，2020（5）：26-28，41.

[29] 孙舒悦 . 茶历史文化的传承与发展策略探究 [J]. 福建茶叶，2021（1）：284-286.

[30] 赵玉娇 . 中日茶文化历程发展研究 [J]. 品牌研究，2020（23）：185-186.

[31] 田洪军 . 贵州省茶文化旅游发展存在的问题及对策 [J]. 乡村科技，2020（8）：13-14.

[32] 王建光，宋丹 . 中外茶文化缘起及发展探究 [J]. 福建茶叶，2020（11）：315-316.

[33] 赵娟 . 探析西方茶文化对英语语言学发展的作用 [J]. 福建茶叶，2022（10）：161-163.

[34] 孟晶 . 传统茶文化的活态传承与发展 [J]. 食品工业，2021（4）：517.

[35] 刘建军，李美凤，贺巍，梁丽云，袁丁，冯建灿 . 浅谈信阳茶史与信阳毛尖的起源及发展 [J]. 中国茶叶加工，2015（2）：72-74，18.

[36] 于钦明，郑淇，杨玉赫 . 从"神农尝百草"认知茶的药用价值及其对中医药文化发展的经验研究 [J]. 福建茶叶，2021（9）：41-42.

[37] 朱冬艳 . 国际茶人聚都匀 品茶论道话发展 国际茶文化高端论坛纪实 [J]. 茶博览，2018（10）：13-16.

[38] 赵世林 . 西南茶文化起源的民族学考察 [J]. 西南民族大学学报（人文社科版），2000（11）：37-97.

[39] 程炳光，汪巍，朱汉珍，汪松能 . 略论中国茶文化的发展 [J]. 广东茶业，2013，（第 1 期）：11-12.

[40] 陈映帆，梁余 . 茶文化旅游对茶叶经济发展的影响 [J]. 福建茶叶，2016，（10）：132-133.

[41] 朱砚文；丁以寿 . 试探茶筅的起源及演变 [J]. 茶业通报，2020（4）：

177-182.

[42] 张艳艳 . 西方茶文化对英语语言学发展的作用 [J]. 福建茶叶，2018
（5）：388-389.

[43] 肖伟，彭勇，许利嘉，何春年，刘延泽，肖培根 . 茶文化的起源及"咀
饮"概念的提出 [J]. 中国现代中药，2011（9）：45-46.